国家自然科学基金项目(编号:52174226)资助

煤化工备煤系统粉尘爆炸风险评估及防控关键技术

李润之　张延松　司荣军　李　杰　著

东南大学出版社
SOUTHEAST UNIVERSITY PRESS
·南京·

内容提要

为有效防控煤制油化工企业煤粉制备及加压输送工艺中的泄漏、火灾及爆炸事故，本书以某煤制油化工企业备煤系统为例，找出了煤粉制备及加压输送工艺中的危险源和危险部位，制定了现场评估准则；同时对整个煤粉制备及加压输送工艺进行了爆炸危险性分析，开展了安全性评估研究，分析了安全监测监控系统数据的合理性，并对相应的监测监控参数进行了有效补充，确定了相应的安全阈值；研究了煤粉泄漏扩散及燃烧爆炸防治技术，对泄爆措施进行了合理核验和补充，提出了抑爆的具体措施。本书是作者多年进行粉尘爆炸试验得到的科研成果以及参与相关工程实践得到的经验总结，相关成果可为煤化工企业粉尘爆炸防控提供重要的技术支撑。

本书可供煤化工领域从事粉尘爆炸防控和研究的专家、学者及工程技术人员等参考使用。

图书在版编目(CIP)数据

煤化工备煤系统粉尘爆炸风险评估及防控关键技术 / 李润之等著. —南京：东南大学出版社，2024.6
ISBN 978-7-5766-1369-8

Ⅰ. ①煤… Ⅱ. ①李… Ⅲ. ①煤化工－粉尘爆炸－风险评价 ②煤化工－粉尘爆炸－防治 Ⅳ. ①TD714

中国国家版本馆 CIP 数据核字(2024)第 076446 号

责任编辑：贺玮玮　责任校对：韩小亮　封面设计：毕　真　责任印制：周荣虎

煤化工备煤系统粉尘爆炸风险评估及防控关键技术

Meihuagong Beimei Xitong Fenchen Baozha Fengxian Pinggu Ji Fangkong Guanjian Jishu

著　　者	李润之　张延松　司荣军　李　杰
出版发行	东南大学出版社
出 版 人	白云飞
社　　址	南京四牌楼2号　邮编：210096
网　　址	http://www.seupress.com
经　　销	全国各地新华书店
印　　刷	江苏凤凰数码印务有限公司
开　　本	787 mm×1 092 mm　1/16
印　　张	13
字　　数	267 千字
版　　次	2024 年 6 月第 1 版
印　　次	2024 年 6 月第 1 次印刷
书　　号	ISBN 978-7-5766-1369-8
定　　价	59.00 元

本社图书若有印装质量问题，请直接与营销部联系。电话(传真)：025-83791830。

前 言
PREFACE

我国煤炭资源储存量相对石油、天然气等资源较为丰富,由于煤炭和石油的化学成分非常相似,我国煤化工产业正逐步从传统煤化工产业向以石油替代产品为主的现代煤化工产业转变。煤制油化工技术是以煤炭为基本原料,经过气化、合成、液化、热解等煤炭利用的途径,生产柴油、汽油、航空煤油等油品和石油化工产品的煤炭洁净利用技术。虽然该技术改变了传统煤炭燃烧、电石、炼焦等以高污染、低效率为特点的传统利用方式,但是煤制油生产过程中涉及高温、高压环境,其原料、中间产物及最终产物都存在易燃易爆物质,这些物质一旦燃烧、爆炸,将会使生产场所发生灾难性的事故。

现代煤化工是以煤气化为龙头,以一碳化工技术为基础,合成、制取各种化工产品和燃料油的煤炭洁净利用产业。目前,我国已建成十多个煤制油项目,煤化工基地化格局初步形成。在煤制油化工企业备煤系统运行的过程中,原煤从上游经皮带输送机运输至原煤仓,在称重后被送入磨煤机;同时,利用热风炉产生的热惰性气体进入磨煤机与原煤混合,进行研磨和干燥;煤粉和气体混合物经煤粉收集器进行气粉分离,煤粉经过纤维分离器,最后进入粉煤仓,气体则循环利用。由于煤制油工程所用煤粉要求粒度细、含水量少,其使用的磨煤机必须能磨制出细粒径的煤粉并能在制粉过程中对煤粉进行良好的干燥。相比于普通煤粉,煤制油工程所用煤粉发生泄漏爆炸时,能够在短时间内释放出巨大的能量,产生更大的破坏力。

当前,虽然关于粉尘爆炸的防治研究已经取得了一定的成果,但是在工业粉尘领域粉尘爆炸风险评估方面,对不同粉尘场所涉及的各类要素还没有全面、细致的描述,定量分析方面概述更是较少;在工业粉尘爆炸事故的预防控制技术研究方面,尚未形成成熟的粉尘爆炸安全性评估及预防控制技术体系;此外,现有的抑隔爆装备智能化程度不高、应用场所单调。因此,为有效防控煤制油化工企业煤粉制备及加压输送工艺中的泄漏、火灾及爆炸事故,本书以某煤制油化工企业备煤系统为例,找出了煤粉制备及加压输送工艺中的危险源和危险部位，制定了现场评估准则；同时对整个煤粉制备及加压输送工艺进行了爆炸危险性分析，开展了安全性评估研究，分析了安全监测监控系统数据的合理性，并对相应的监测监控参数进行了有效补充，确定了相应的安全阈值；研究了煤粉泄漏扩散及燃烧爆炸防治技术，对泄爆措施进行了合理核验和补充，提出了抑爆的具体措施。

本书是作者多年进行粉尘爆炸试验得到的科研成果以及参与相关工程实践得到的经验总结，总共分为六个章节。本书参阅并引用了很多文献资料中的研究成果，已尽力在引用位置进行标注，在参考文献中列出，在此对各位作者表示诚挚的谢意。

粉尘爆炸涉及多个条件和因素，是一种复杂的物理化学现象。鉴于作者水平有限，本书在选材、结构和内容叙述等方面可能存在一定的问题或不足，敬请读者批评指正。

目录

前言

第1章 绪论   1

1.1 概述 ………………………………………………………………………………… 1
1.2 国内外研究现状 ……………………………………………………………………… 2
    1.2.1 国内外煤化工发展现状 ……………………………………………………… 2
    1.2.2 粉尘爆炸防治技术研究概况 ………………………………………………… 5
    1.2.3 粉尘爆炸的防治装备研发概况 ……………………………………………… 8
    1.2.4 现存问题 ……………………………………………………………………… 10

第2章 煤粉燃烧爆炸特性及爆炸危险性分级研究   11

2.1 煤尘爆炸机理 ……………………………………………………………………… 11
    2.1.1 煤尘爆炸的条件 ……………………………………………………………… 11
    2.1.2 煤尘爆炸机理研究 …………………………………………………………… 13
2.2 煤粉燃烧特性研究 ………………………………………………………………… 16
    2.2.1 煤粉工业分析 ………………………………………………………………… 16
    2.2.2 煤粉自燃倾向性等参数测定 ………………………………………………… 17
    2.2.3 煤粉自然发火指标气体分析 ………………………………………………… 18
2.3 煤粉爆炸特性研究 ………………………………………………………………… 20
    2.3.1 煤尘爆炸前后微观结构分析 ………………………………………………… 20
    2.3.2 不同煤样析出气体成分分析 ………………………………………………… 24
    2.3.3 挥发分含量对煤尘爆炸特性的影响研究 …………………………………… 26
    2.3.4 其他影响因素分析 …………………………………………………………… 37

2.4 煤粉爆炸危险性分级研究 ... 41
2.4.1 煤粉爆炸性鉴定 ... 41
2.4.2 依据立方根法分级 ... 43
2.4.3 电气设备最高允许表面温度 ... 44

第3章 备煤系统工艺流程安全性评估 ... 46

3.1 评估目的和依据 ... 46
3.1.1 评估目的 ... 46
3.1.2 评估依据 ... 46
3.2 备煤系统工艺流程分析 ... 47
3.2.1 煤粉制备工艺流程 ... 47
3.2.2 煤粉加压输送工艺流程 ... 49
3.3 备煤系统危险源辨识 ... 51
3.3.1 煤制油项目涉及危险有害因素 ... 51
3.3.2 单元划分 ... 51
3.3.3 各单元分析 ... 51
3.3.4 危险源等级划分 ... 77

第4章 安全监测监控参数研究 ... 83

4.1 系统设备的监测监控仪表布置 ... 83
4.1.1 煤粉制备工艺的监测监控仪表 ... 83
4.1.2 煤粉加压输送工艺的监测监控仪表 ... 100
4.2 安全监测监控参数 ... 106
4.2.1 煤粉制备工艺的安全监测监控参数 ... 106
4.2.2 煤粉加压输送工艺的安全监测监控参数 ... 117
4.3 安全监测监控参数的控制指标分析 ... 121
4.3.1 安全监测监控参数控制指标(已安装设备) ... 121
4.3.2 煤粉制备工艺安全监测监控参数的控制指标(新增设备) ... 126
4.3.3 煤粉加压输送工艺安全监测监控参数的控制指标(新增设备) ... 128

第5章 煤粉泄漏监测及扩散防治技术研究 ... 129

5.1 煤粉泄漏危险源分析及分类 ... 129
5.1.1 煤粉泄漏危险源分析 ... 129

        5.1.2 泄漏危险源的分类 ………………………………………………… 132
    5.2 煤粉泄漏监控和扩散防治技术 ……………………………………………… 139
        5.2.1 煤粉泄漏危险的监控措施 …………………………………………… 139
        5.2.2 煤粉泄漏扩散防治技术 ……………………………………………… 142
        5.2.3 煤粉泄漏事故预防及应急措施 ……………………………………… 147
    5.3 粉尘浓度传感器的研制 ……………………………………………………… 148
        5.3.1 粉尘浓度传感器概述 ………………………………………………… 148
        5.3.2 粉尘浓度传感器原理 ………………………………………………… 149
        5.3.3 粉尘浓度传感器系统组成 …………………………………………… 150
        5.3.4 粉尘浓度传感器主要技术指标 ……………………………………… 155
    5.4 安全监测监控系统的开发与数据交互 ……………………………………… 155
        5.4.1 安全监测监控系统概述 ……………………………………………… 155
        5.4.2 安全监测监控系统的开发 …………………………………………… 159
        5.4.3 煤粉泄漏安全监测监控系统数据交互 ……………………………… 172

第6章 煤粉爆炸防治关键技术研究　175

    6.1 煤粉爆炸条件 ………………………………………………………………… 175
    6.2 煤粉爆炸泄爆技术 …………………………………………………………… 175
        6.2.1 泄爆防治技术 ………………………………………………………… 175
        6.2.2 泄爆面积计算方法及泄爆口位置选择依据 ………………………… 179
        6.2.3 泄爆面积核算及泄爆口位置定位 …………………………………… 180
    6.3 煤粉爆炸主动抑爆技术 ……………………………………………………… 183
        6.3.1 抑爆防治技术 ………………………………………………………… 183
        6.3.2 主动抑爆设计 ………………………………………………………… 187
    6.4 易磨损输送管路及设备外壳爆炸防治 ……………………………………… 196
        6.4.1 爆炸防治区域 ………………………………………………………… 196
        6.4.2 爆炸防治方法 ………………………………………………………… 196

参考文献　198

第1章 绪论

1.1 概述

我国煤炭资源储存量较为丰富(约占全世界煤炭资源总量的 10%),石油、天然气资源较少。明确现代煤化工作为国家能源安全战略储备的定位,加强煤制油气战略基地规划布局和管控,在条件较好地区有序推动煤炭深加工产业示范,促进煤化工高端化、多元化、低碳化发展,发展科技含量高、经济效益好、环境友好的煤炭转化技术已势在必行。预计到 2025 年,我国煤制油生产能力将达到 1 200 万 t/年,煤制气生产能力将达到 150 亿 m^3/年,煤制烯烃生产能力将达到 1 500 万 t/年,煤制乙二醇生产能力将达到 800 万 t/年,可见煤化工企业在我国保持着强有力的发展势头,因此近年来新型、大型的煤化工项目在我国陆续建设和投产,其中不乏世界上首例的商业化示范性工程,这些煤化工项目的安全问题显得尤为重要[1-2]。深入研究现代煤化工定位和产业布局,进一步明确现代煤化工作为国家能源安全战略储备的定位,针对煤制油等战略性煤化工项目,需要结合当地政府在产业布局和安全生产要素匹配上给予充分保障。煤制油化工技术是以煤炭为基本原料,经过气化、合成、液化、热解等煤炭利用的途径,生产柴油、汽油、航空煤油等油品和石油化工产品的煤炭洁净利用技术[3]。虽然该技术改变了传统煤炭燃烧、电石、炼焦等以高污染、低效率为特点的传统利用方式,但是煤制油生产过程中涉及高温、高压环境,其原料、中间产物及最终产物都存在易燃易爆物质,其中的任意环节出现问题,都会酿成极其严重的后果。

煤制油化工企业对煤种的选择有严格要求,需先将碎煤研磨成细煤粉后再和自身产生的液化重油(循环溶剂)配成煤浆,在高温(450 ℃)和高压(20~30 MPa)下直接加氢,将煤转化为汽油、柴油等石油产品。其中,煤粉的制备采取"研磨干燥+磨粉分离收尘+中间储仓"的工艺技术。与传统的燃煤火力发电厂的煤粉制备系统相比,煤制油工程的煤粉制备系统的工艺设计不同,制备煤粉的内部特性不同,相应的火灾爆炸危险性也有所区别[4-5]。在煤制油化工企业备煤系统运行的过程中,原煤从上游经皮带输送机运输至原煤仓,在称重后被送入磨煤机;同时,利用热风炉产生的热惰性气体进入磨煤机与原煤混合,进行研磨和干燥;煤粉和气体混合物经煤粉收集器进行气粉分离,煤粉经过纤维分离器,最后进入粉煤仓,气体则循环利用。与普通煤粉相比,煤制油工程要求煤种的挥发分含量在37%以上,在所有煤中是最高的,并且其水分含量和灰分含量低(一般小于5%),煤粉的粒径小(粒径基本在90 μm以下,粒径小于75 μm的煤粉含量大于80%)。煤制油工程中使用的煤粉可以分为三种:气化煤粉、液化煤粉和催化剂煤粉。气化煤粉是用于煤气化的煤粉,液化煤粉和催化剂煤粉均是用于煤液化的煤粉,其中气化煤粉中添加了含碳滤饼和飞灰,催化剂煤粉中添加了用于煤液化过程的催化剂。三种煤粉使用的是同种原料煤,并且三种煤粉的粒度分布和含水量也有所不同。由于煤粉粒度越小,挥发分含量越高,煤粉的燃烧反应速度越快,因此煤制油工程所用三种煤粉的最大爆炸压力均高于普通煤粉的最大爆炸压力(普通煤粉的最大爆炸压力为0.50~0.65 MPa),其压力上升速率也高于普通煤粉的压力上升速率(普通煤粉的压力上升速率为30~160 MPa/s)。可见,相比于普通煤粉,煤制油工程所用煤粉发生爆炸时,能够在短时间内释放出巨大的能量,产生更大的破坏力。煤粉产生的粉尘层和粉尘云的引燃温度低、点火能量小、爆炸下限浓度低,更容易发生爆炸;最大爆炸压力及压力上升速率大,发生爆炸后破坏力大。并且,煤制油工程的煤粉制备系统通常与高温高压油气装置相邻,因此在其备煤系统制备和输送煤粉的过程中,一旦发生煤粉泄漏、爆炸事故,可能连带其他化工装置造成更严重的后果,甚至发生灾难性的事故。

  由于煤制油工程所用煤粉要求粒度细、含水量少,其使用的磨煤机必须能磨制出细粒径的煤粉并能在制粉过程中对煤粉进行良好的干燥。为有效防控煤制油化工企业煤粉制备及输送过程中的泄漏、火灾及爆炸事故,以某煤制油化工企业备煤系统为例,找出了煤粉制备及加压输送工艺过程中的危险源和危险部位,制定了现场评估准则;同时对整个煤粉制备工艺进行了爆炸危险性分析,对整个工艺过程开展了安全性评估研究,分析了安全监测监控系统数据的合理性,并对相应的监测监控参数进行了有效补充,确定了相应的安全阈值;研究了煤粉泄漏扩散及燃烧爆炸防治技术,对泄爆措施进行了合理验算和补充,提出了抑爆的具体措施,为煤化工企业粉尘爆炸防控提供了重要的技术支撑。

1.2 国内外研究现状

1.2.1 国内外煤化工发展现状

  以煤炭为原料经化学方法将煤炭转化为气体、液体和固体产品或半成品,再进一步加工成一系列化工产品或石油燃料的工业,称为煤炭化学工业,简称煤化工。煤炭化学工业分为传统煤化工和现代煤化工。目前国内发展煤化工的主要技术路线如图1.1所示。

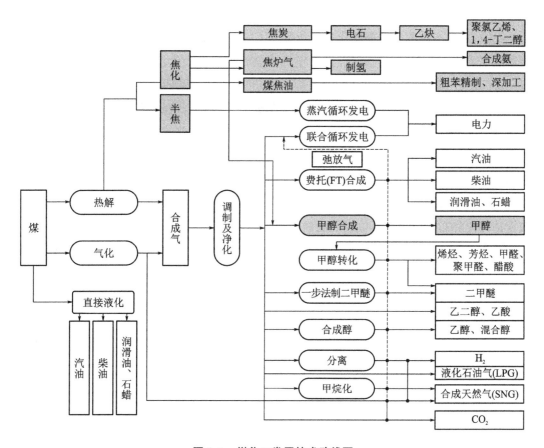

图 1.1 煤化工发展技术路线图

传统的煤化工(焦化、合成氨、电石和甲醇)是国民经济的重要支柱产业,其产品广泛用于农业、钢铁、轻工和建材等相关产业,对拉动国民经济增长和保障人民生活具有举足轻重的作用。经过多年的发展,我国传统煤化工产品生产规模居世界第一,合成氨、甲醇、电石和焦炭产量分别占全球产量的32%、28%、93%和58%,但产业结构较为落后,竞争力较差。目前,我国煤化工产业正逐步从传统煤化工产业向以石油替代产品为主的现代煤化工产业转变。

现代煤化工是以煤气化为龙头,以一碳化工技术为基础,合成、制取各种化工产品和燃料油的煤炭洁净利用产业(在环保、煤种适应性和煤利用效率等方面更具优势)。现代煤化工范畴主要包括煤气化、煤液化及下游产品等。煤气化是指煤或焦炭与气化剂在一定温度、压力下发生一系列热化学反应,使原料最大限度地转变为气体可燃物的工艺过程。煤液化是指经过一定的加工工艺,将固体煤炭转变为液体燃料或原料的工艺过程。

煤化工产业在国外较早地完成了商业化。其中,南非萨索尔公司有50年的煤液化经验,拥有97台气化炉,年消耗煤4 600万t。美国德士古公司的主要业务是煤气化生产,并对研发出的水煤浆加压气化技术严格保密、不转让。美国大平原公司主要经营煤制天然气项目(日产300万t,20亿 m³/年)。

我国自2006年起为发展煤化工产业提出了一些产业政策,2006年7月7日,国家发展和改革委员会发布《关于加强煤化工项目建设管理促进产业健康发展的通知》,设立了煤化工门槛:甲醇和二甲醚(100万t)、煤制油(300万t)、煤制烯烃(60万t)。2007年11月29日,国家发展和改革委员会对外发布《煤炭产业政策》,该政策对推进煤炭工业严格产业准入、加快结构调整、提高生产力水平、保障安全生产、提高资源利用率、加强环境保护发挥了积极的作用。2009年5月18日,国务院办公厅发布《石化产业调整和振兴规划》,要求"坚决遏制煤化工盲目发展势头,积极引导煤化工行业健康发展……重点抓好现有煤制油、煤制烯烃、煤制二甲醚、煤制甲烷气、煤制乙二醇等五类示范工程,探索煤炭高效清洁转化和石化原料多元化发展的新途径"。

截至2019年,我国已建成的煤制油(直接液化、间接液化、煤油共炼)产能为943万t/年,共建成10个项目(装置),包括4个16～18万t级示范项目、5个百万t级示范项目、1个煤油共炼项目,另有已核准、在建的百万吨级示范项目2个,产能合计300万t/年;煤制天然气共建成4个项目,产能合计51.05亿 m³/年,在建项目1个,产能13.3亿 m³/年,另有已核准项目2个,产能合计80亿 m³/年;已建成煤制烯烃项目14个,产能合计882万t/年,在建项目3个,产能合计190万t/年;已建成甲醇制烯烃项目12个,产能合计614万t/年,在建项目1个,产能60万t/年;已建成煤制乙二醇项目23个,产能合计487万t/年,在建项目4个,产能合计410万t/年。上述产能形成的原料煤转化能力约为8300万t标准煤/年。

2020年,我国煤制油产能931万t、煤制烯烃产能1582万t、煤制气产能51亿 m³、煤制乙二醇产能489万t。目前,我国煤化工基地化格局初步形成,已培育出宁夏宁东、内蒙古鄂尔多斯、陕西榆林、新疆准东和伊犁等多个煤化工产业集聚区,为煤炭综合利用、区域废弃物集中治理和上下游产业配套创造了条件。

中国煤炭工业协会(简称中煤协)于2022年3月30日公布的数据显示,2021年,现代煤化工四大主要产业——煤制油、煤(甲醇)制烯烃、煤制气、煤(合成气)制乙二醇产能,分别达到931万t/年、1672万t/年、61.25亿 m³/年、675万t/年。其中,除了煤制烯烃同比保持齐平,其他产能均再创新高。

中煤协指出,现代煤化工正在向高端化、多元化、低碳化方向发展,产业化、园区化、基地化发展格局已初步形成。与此同时,碳基新材料研发取得突破,能源转化效率普遍提高,单位产品能耗继续下降,煤炭消费利用空间有力拓展,加速由单一燃料向燃料与原料并重转变。工业和信息化部、国家发展和改革委员会、科学技术部、生态环境部、应急管理部、国家能源局联合发布《关于"十四五"推动石化化工行业高质量发展的指导意见》,提出到2025年,石化化工行业基本形成自主创新能力强、结构布局合理、绿色安全低碳的高质量发展格局。石化、煤化工等重点领域企业主要生产装置自控率达到95%以上,建成30

个左右智能制造示范工厂、50家左右智慧化工示范园区。

1.2.2　粉尘爆炸防治技术研究概况

20世纪初期法国科瑞尔斯(Courrières)矿爆炸后,世界各国开始认识到在生产和加工中所产生的粉尘也会引起爆炸[6]。由此开始,对粉尘一些最基本特性的研究层出不穷,针对其爆炸特点的试验也接连进行,各国学者对种类繁多的粉尘的危险性也做出了一定的研究。粉尘爆炸的防治包括两类工作:一是粉尘爆炸的预防,即在粉尘爆炸未发生时防患于未然;二是粉尘爆炸的控制,即粉尘爆炸发生时通过相应的应急措施将爆炸产生的危害降到最低[7]。粉尘爆炸的防治技术研究包括三方面的内容:粉尘爆炸的风险评估研究、粉尘爆炸的预防技术研究、粉尘爆炸的控制技术研究。

1. 粉尘爆炸的风险评估研究

国内外对粉尘爆炸风险评估的研究大体可分为三个方面:一是详细研究、编制粉尘爆炸相关法律法规、技术标准及防爆相关规程,为风险评估提供必要的借鉴及依据;二是针对风险评估的基础理论和方法,研究新方法、新理论,并进行实际应用;三是对粉尘爆炸风险的分析、工艺或设备风险的定性及定量分析、防爆/泄爆/抑爆装置的设计和研究等[8]。

目前,国外对粉尘爆炸风险评估的研究重点放在两个方面,一方面是粉尘爆炸发生的可能性,而另一方面就是粉尘爆炸造成的严重后果,其中大量的研究又都集中在后果的严重程度上。Khakzad等通过现场实际调查并结合大量的运算,以蝴蝶结理论为基础,设计、建立了一套可应对任何复杂环境的粉尘爆炸可能性指标体系,并且对每一个要素发生的可能性进行赋值[9]。另外,Khakzad等在其建立的可能性指标体系的基础之上,从安全经济学入手结合可接受剩余风险,通过贝叶斯网络对整个系统的短板进行诊断、纠正,并采用一定的安全措施使风险降低到可接受水平[10]。

国内对粉尘爆炸风险评估的研究更多侧重在某个行业或某种具体的粉尘风险。钟英鹏针对镁粉特性及镁粉生产工艺、设备特征定性评价镁粉爆炸危险性,从中确定不同生产工艺中有效点火源形成的种类,并详细列出镁粉加工过程中设备发生和传播爆炸危险性的高低[11]。贾玉涛以沈阳某典型面粉公司为例,对该公司容易发生粮食粉尘爆炸的危险区域设备进行辨识,使用火灾爆炸指数评价法及安全检查表法对筒仓发生粮食粉尘爆炸的后果严重程度进行评估[12]。粉尘爆炸风险评估的主要内容有爆炸性粉尘辨识、建筑风险辨识、工艺及设备辨识、管理缺陷辨识等。同时分析爆炸性粉尘环境出现的频率、点火源引燃有效性、粉尘爆炸事故后果严重程度及粉尘爆炸风险等级,并提出改进措施及建议。目前,我国的粉尘爆炸风险评估工作最主要的目的是满足政府或者行业监管的要求。因此,粉尘爆炸风险评估目前的主要做法还是对照相应的国家标准规范,进行逐条评估,确认企业是否已达到标准规范的要求。从单纯的风险分析的方法来看,目前国内主要的方法有安全检查表法、事故树分析法、故障树分析法、故障类型和影响分析法、危险与可操作性研究和火灾爆炸指数评价法等。此外,矩阵分析法也是常见的风险分析方法之一。[13]科学、合理地选择风险分析的方法有助于快速、高效地分析系统中存在的粉尘爆炸风险。我国粉尘爆炸风险评估流程如图1.2所示。

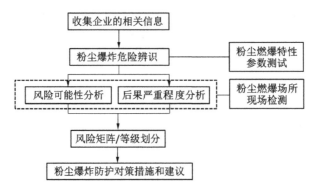

图1.2 我国粉尘爆炸风险评估流程

我国标准《粉尘防爆安全规程》(GB 15577—2007)第4.2条要求"企业应清楚本企业有无粉尘爆炸危险场所,并采取能有效预防和控制粉尘爆炸的措施"。从2007年起,我国标准就要求所有的粉尘涉爆企业开展粉尘爆炸风险评估工作,但对评估的内容没有给出具体的要求。2018年,在总结多年粉尘防爆经验和重特大粉尘爆炸事故案例的基础上,对《粉尘防爆安全规程》(GB 15577—2007)进行了修订,《粉尘防爆安全规程》(GB 15577—2018)第4.1条要求"企业应辨识所存在的粉尘爆炸危险场所,确定可燃性粉尘爆炸危险性以及粉尘爆炸危险场所的数量、位置、危险区域等,分析存在的粉尘爆炸危险因素,评估粉尘爆炸风险,并制定能消除或有效控制粉尘爆炸风险的措施"。该标准对粉尘涉爆企业开展风险评估提出了强制性要求。此外,新制定的《工贸企业粉尘防爆安全规定》从部门规章的层次对粉尘爆炸风险评估提出了要求,指导企业开展粉尘爆炸风险评估工作[14]。

2. 粉尘爆炸的预防技术研究

粉尘爆炸特性参数是进行爆炸预防及控制的主要依据,可分为爆炸预防技术参数和爆炸控制技术参数。爆炸预防技术参数主要包括粉尘云爆炸下限浓度、最低着火温度、最小着火能量、极限氧含量、电阻率等,是进行爆炸事故预防的主要依据;爆炸控制技术参数主要包括粉尘云最大压力、最大压力上升速率和爆炸指数,它们是反映爆炸猛烈程度的重要参数,也是爆炸泄压设计和爆炸抑制设计的主要依据。因此,我们要在对粉尘爆炸特性参数进行测试、研究的基础上,形成适合于工业粉尘爆炸的预防和控制技术,为涉及粉尘行业的工商贸企业的安全生产提供技术支撑。

在粉尘爆炸的预防技术方面,国外很早就展开了研究,主要是通过消除爆炸发生的条件来达到预防爆炸的目的。美国最早进行了粉尘爆炸风险系统研究,*Development and Control of Dust Explosion* 一书中,详细地叙述了美国矿山局近百年来对粉尘爆炸的研究,且对粉尘爆炸的研究方法、粉尘生产装置、粉尘点火源、粉尘爆炸压力趋势及预防措施都进行了系统的介绍。我国目前主要借鉴国外技术,并结合实际生产工况,采取特定措施,但并没有形成成熟、有效的粉尘爆炸预防技术体系[15]。目前常用的粉尘爆炸预防技术主要包括粉尘惰化技术、控制粉尘浓度及防止产生点火源等。

粉尘惰化技术是指在可燃性粉尘中预先加入一定量的惰性粉尘(即不可燃粉尘),或充入适量的惰性气体,以达到降低可燃性粉尘浓度和氧气浓度,最终抑制燃烧的目的。惰化的应用可依靠惰性粉尘来实现,但所用惰性粉尘在种类和添加量上存在不同。许多试验研究表明在可燃性粉尘中添加惰性粉尘能使粉尘云有着更高的最小点火能、更高的点火能量和着火温度,以及能降低粉尘云的最大爆炸压力和最大压力上升速率,基于此,惰性粉尘普遍被用于惰化系统或抑爆装置中以预防粉尘爆炸和减弱粉尘爆炸带来的影响[16]。当前对惰化条件下工业粉尘爆炸的研究主要分为两种,一种是采用固体介质进行惰化(如 $NaHCO_3$ 粉、$CaCO_3$ 等),另一种是采用气相介质进行惰化(如 N_2、CO_2 等)[17]。

3. 粉尘爆炸的控制技术研究

在粉尘爆炸的控制技术方面,国内外主要有抑爆技术、隔爆技术、泄爆技术以及抗爆设备强度设计与封闭技术几种。抑爆技术是指在粉尘爆炸发生的初期,通过物理化学作用扑灭火焰,使未爆炸的粉尘不再参与爆炸,从而抑制爆炸发生的技术。运用这种技术可以保护设备,使其免受破坏,并可保障周围操作人员的生命安全。抑爆技术的有效性和可靠性取决于粉尘的物理化学性质、爆炸特性参数(如最大爆炸压力 p_{max}、爆炸指数 K_{max} 等)、抑爆空间的几何参数及初始流动状态、抑爆系统的爆炸探测方式、抑爆剂的选择及抑爆器的各种技术参数等[18]。因此,关于抑爆技术的研究主要包括爆炸探测方式、抑爆剂种类和数量、抑爆器喷撒参数研究 3 个方面[19]。

爆炸探测单元是否准确、可靠是决定整个抑爆系统能否发挥作用的关键之一。工业粉尘爆炸初始阶段火焰传播速度较低,火焰辐射探测方式可靠性可能因粉尘沉积或粉尘云等遮挡而降低,因此抑爆系统广泛采用爆炸压力探测方式。试验研究表明:在大型容器、车间抑爆时,由于抑爆空间大、压力上升速率低,多采用爆炸压力阈值来判断爆炸,阈值范围为 1.5~30.6 kPa;对于小容积的容器或设备空间抑爆,则采用压力上升速率探测方法。在某些特殊场所也采用组合探测方法。

抑爆剂种类和数量的确定主要考虑对各种可燃性粉尘的适用性、抑爆效率和对工艺环境的适应性。常用的抑爆剂有:Halon 系列、水、磷酸盐或碳酸盐等粉体抑爆剂。对工业粉尘而言,磷酸盐或碳酸盐等粉体抑爆剂具有较高的抑爆效率。一般 Halon1011 适用于爆炸猛度较低的粉尘(如 S_{t1} 级粉尘爆炸),但由于它会对环境造成不利的影响,其使用受到限制。水作为抑爆剂时,取用方便、廉价,但仅对亲水性粉尘有效。

抑爆器能否快速喷撒抑爆剂并持续维持抑爆带浓度是抑爆系统能否发挥作用的另一个关键,因此抑爆器喷撒一直是抑爆技术研究开发的重要课题。根据抑爆器的工作原理,抑爆器可分为储压式、爆破抛撒式和实时产气式。

在粉尘爆炸控制技术方面,我国的相关抑爆技术依然不够成熟,标准方面仅有《监控式抑爆装置技术要求》(GB/T 18154—2000)。主动抑爆技术作为煤矿控制煤尘爆炸的主要手段之一,主要包括主动喷水抑爆技术、主动喷粉抑爆技术以及主动喷惰性气体抑爆技术。主动抑爆技术及产品在煤层气输送及煤矿开采过程中逐步得到推广应用,但在煤化工等存在气体粉尘爆炸危险的工业依然应用较少。这主要是因为煤化工等工业实际生产中存在爆炸危险性区域的工艺过程与工况条件与煤矿井下存在很大的不同,粉尘的燃爆特性也存在很大差异,无法实行推广应用。

常用的隔爆系统包括:(1)物理隔爆装置为被动式隔爆装置,如用于隔绝瓦斯煤尘爆炸传播的水槽、水袋及岩粉棚等;(2)快速关断阀,采用爆炸探测器触发在火焰前方一定距离处安装的快速关断阀,在极短的时间内关闭爆炸传播通道,防止火焰和爆炸波传播;(3)自动隔爆系统,采用爆炸探测器触发隔爆装置,在火焰前方一定距离处形成消焰剂带,隔绝随后到达的传播火焰。

泄爆作为一种常用的防爆措施,主要是通过在设备或容器上安装泄爆装置,确保当设备或容器发生爆炸时,可以及时将内部压力释放出去,以免造成设备或容器损坏及安全事故的发生,泄爆装置安装成本较低,具有很好的实用性。在泄爆技术方面,国际上广泛采用的标准有德国工程师协会标准《粉尘爆炸泄压》(VDI 3673)、美国《爆炸泄压指南》(NFPA 68)及欧洲标准《粉尘爆炸泄压保护系统》(EN 14491—2012)。我国在 1995 年颁布并于 2008 年修订了标准《粉尘爆炸泄压指南》(GB/T 15605—2008),但该标准仅规定了泄爆面积的计算、泄爆方法、泄爆使用的材质等,未规定泄爆口的朝向,未明确规定泄爆口的具体位置及维护措施等。

在抗爆技术方面,国际上采用的抗爆设计标准主要有欧洲标准《防爆设备》(EN 14460—2018)、美国消防协会标准《防爆系统标准》(NFPA 69—2008),而我国目前尚无相应标准,相关技术主要参考国外。

要做到粉尘爆炸的有效预防与控制,粉尘的监测监控是其中的一项关键环节。而粉尘监测方法基于不同的测量原理大致可以分为两种:一种是取样法,如过滤称重法、β 射线吸收法、超声波衰减法等,取样法对采样操作要求高,其测量结果与粉尘参数(质量、体积等)直接相关,因此至今仍被作为标准测量方法;另一种是非取样法,如光电检测法、电气测量法、声学法等,这些方法各有所长,但它们的主要缺点是所测量的粉尘浓度只是一个相对值,仅具有统计意义,并且测量结果受粉尘的化学成分、分散度及其他性质的影响很大。

1.2.3 粉尘爆炸的防治装备研发概况

粉尘爆炸的预防装备主要包括粉尘浓度监测系统、火花探测系统等,现在全球采用的测量粉尘的仪器大体有三种:粉尘采样器、测尘仪和粉尘浓度传感器。国内主要采用粉尘浓度传感器对粉尘浓度进行监测。但国内现有的传感器测量范围小，如山东中煤工矿物资集团有限公司、江苏吉华电子科技有限公司、山东恒远机电开发有限公司等企业生产的粉尘浓度传感器，其最高测量浓度为 1 000 mg/m³（工业粉尘爆炸的下限浓度一般在 g/m³ 量级），不适用于工业粉尘爆炸浓度的监测。

在粉尘爆炸控制装备方面，目前很多国家（如美国、意大利、比利时、瑞士等）根据控制原理的不同，研发出泄爆、隔爆、抑爆等多种成熟的装备，总结如下：① 泄爆装备方面，研发出泄压门、无火焰泄爆装置、平板形泄爆片、弧形泄爆片、拱形泄爆片等；② 隔爆装备方面，研发出机械式隔爆装备（回转阀、单向隔离阀、芬特克斯阀、换向阀等）和化学隔爆装备；③ 抑爆装备方面，研发出高速灭火喷射罐等装备。英国研制了以压缩空气推动活塞喷水的 MK-Ⅱ型抑爆装置，能在 180 ms 内将水扩散到巷道空间；美国研制了以爆破抛撒为原理的 Cardox 型抑爆装置，形成粉雾时间为 180~490 ms；南非于 20 世纪 90 年代末研制了 HS 系列机载式阻燃抑爆系统和道路屏障系统；近年来俄罗斯研发了巷道 GBXT 自动化隔爆装置，开启速度可达到 25 ms。国外这些产品中，应用广泛的是南非 HS 公司研发的 HS 系列主动抑爆系统。该系列装备能够在爆炸发生时，快速启动，形成抑爆屏障，从而阻断瓦斯煤尘爆炸传播反应链，将可能发生的瓦斯煤尘事故扼杀于萌芽状态[20]。我国开始研发主动式抑隔爆技术及装备的时间较早，中煤科工集团重庆研究院有限公司（简称重庆院）是最早开始相关研究并取得系列成果的科研单位。依托"八五"国家科技攻关计划项目"防止瓦斯煤尘爆炸监控报警及抑爆技术"，重庆院成功研发了 ZYB-S 型实时产气式抑爆系统（图 1.4）。该系统是我国第 1 个抑爆系统，其信号探测方式为可见光探测，根据产气式原理进行抑爆，具备简单的故障检测功能[21]。

图 1.4 ZYB-S 型实时产气式抑爆系统

而我国在工业粉尘爆炸控制装备研发方面还处于起步阶段，大部分控制装备都靠引进国外技术，没有自主知识产权。如上海美盛自动化设备有限公司代理的瑞士 Rico-Ventex ESI 系列隔爆阀和意大利康洛吉爆炸隔离阀；上海诺恺机械设备有限公司代理比利时技术，引进的抑爆系统、隔爆板、隔爆阀等装备；欣佰特科技（北京）有限公司代理的美国 FIKE 爆破片；新加坡 BS & B 安全系统（亚太）私人有限公司（美国公司）开发的爆破片、防爆板及抑爆系统等，目前该公司在上海有代理处。

在泄爆片方面，我国有一些厂家能够自主生产，如华东理工大学和大连理工大学均成立有安全装备有限公司研发此类产品，但所生产的产品在种类和技术方面与国外同类产品还存在一定的差距。

另外,随着国内粉尘爆炸事故频发,国内越来越多的企业开始对爆炸控制装备展开研发,如江苏八方安全设备有限公司、昆山嘉科环保设备有限公司等。纵观我国粉尘爆炸防治装备研发现状,有自主知识产权的生产厂家数量较少,远没有形成产业化的发展格局。

1.2.4 现存问题

总体来看,虽然关于粉尘爆炸的防治研究已经取得了一定的成果,但目前国内对煤化工领域粉尘爆炸预防和控制技术的研究相对薄弱,主要存在以下问题。

(1) 粉尘爆炸的风险评估方面问题

在建立涉爆粉尘企业风险要素指标体系时往往采用最为传统的"人、机、环、管"这一基本的人机工程四因素,不能全面、细致地对不同粉尘场所涉及的种类繁多的要素进行描述。另外,目前国内对粉尘爆炸的研究大部分集中在定性研究方面,对将粉尘爆炸与数学方法结合建立数学模型的研究较少。

(2) 粉尘爆炸的预防和控制技术方面问题

在工业粉尘爆炸事故的预防和控制技术研究方面,目前我国尚未形成成熟的粉尘爆炸安全性评估及预防和控制技术体系。我国涉及可燃性粉尘的企业数量大、种类多,不同的工艺过程其实际工况条件不同。因此,在粉尘爆炸防治过程中,需在了解粉尘生产和加工工艺过程及其特定工况条件的基础上,对粉尘爆炸的工艺安全保障技术进行充分研究,进而研发出相应的安全保障装备,形成一套粉尘爆炸预防和控制技术体系,从多方面、多角度进行综合防治。

(3) 粉尘爆炸的防治装备方面问题

面对目前国内粉尘监测监控现状和日益突出的粉尘安全事故问题,研制功能完善、可靠性高、误差小和具有自主知识产权的粉尘在线监测监控系统已经成为一项迫在眉睫的任务。另外,日趋复杂、先进的生产工艺,对粉尘监测设备的精度和自动化程度有了更高要求,需要实现短时测尘与连续监测并重,由单点监测转向多点监测,并逐步走向在线自动连续监测,实现监测监控系统化。

我国现有的抑隔爆装备存在智能化程度不高、应用场所单调等缺点,为了适应未来我国智能化、无人化的发展趋势,应该综合应用被动式隔爆技术与主动式抑隔爆技术,将快速抑爆技术与爆炸隔离技术有机结合,通过智能化手段实现多区域装备的分级启动和联动控制,实现粉尘爆炸事故的有效控制。

第 2 章 煤粉燃烧爆炸特性及爆炸危险性分级研究

煤尘是指直径小于 1 mm 的煤炭颗粒。煤化工所用原材料一般称为煤粉,其直径在 90 μm 以下,是属于特定直径范围内的煤尘。本章在对煤尘爆炸机理进行理论分析的基础上,针对某煤制油化工企业备煤系统所制备的煤粉(8♯煤样)进行了燃烧特性测试;为研究不同煤种爆炸特性的变化规律,对全国各地不同挥发分煤尘(1♯~7♯煤样)的爆炸特性进行了对比研究,进而分析了煤尘爆炸的影响因素;最后根据不同的分级方法,对某煤制油化工企业备煤系统所制备的煤粉的爆炸危险性进行了分级研究。

2.1 煤尘爆炸机理

2.1.1 煤尘爆炸的条件

2.1.1.1 煤尘爆炸的基本条件

煤尘爆炸必须同时具备四个条件:煤尘本身具有爆炸性,有适合浓度的氧气,煤尘要以适当浓度在空气中悬浮,有足够能量的点火源。

1. 煤尘本身具有爆炸性

煤尘具有爆炸性是煤尘爆炸的内因,其中煤尘的挥发分含量是决定煤尘是否具有爆炸性的主要因素。煤尘的挥发分含量越高,煤尘越容易爆炸,煤尘的爆炸特征参量也会随之增大。灰分是指煤燃烧后的残留物,煤尘中灰分越多,爆炸性越低,这是因为灰分能够吸收热量、阻挡辐射热,抑制爆炸的传播。煤的水分也能降低煤尘爆炸性,这是因为在爆炸过程中水分受热蒸发,吸收热量,同时水分可以使煤尘失去悬浮性、结成煤尘块。

2. 有适合浓度的氧气

煤尘爆炸的一个外因条件是环境中的氧浓度,环境氧浓度低于一定水平时,即使煤尘浓度在引发爆炸的浓度范围内,并存在足以引爆煤尘的点火源,也不能发生煤尘爆炸现象。

3. 煤尘要以适当浓度在空气中悬浮

悬浮于空气中的煤尘,其浓度必须在一定范围内才会爆炸。单位体积空气中能够发生爆炸的最低浓度叫爆炸下限浓度,能够发生爆炸的最高浓度称为爆炸上限浓度。影响爆炸下限浓度的因素有很多,如挥发分、水分、灰分、氧浓度、煤尘粒度等。我国试验的结果认为,煤尘云爆炸下限浓度为 30～50 g/m³,爆炸上限浓度为 1 000～2 000 g/m³。浓度在爆炸上、下限浓度之间的煤尘云都可能发生爆炸,一般爆炸威力最强的煤尘云浓度范围为 300～500 g/m³。

4. 有足够能量的点火源

煤尘发生爆炸必须有能引燃煤尘的点火源,点火源点火过程的影响因素有很多,有时温度达到 550 ℃就能点爆,有时温度却要超过 1 000 ℃才能点爆。生产过程中可能出现的一些点火源,如电弧放电所产生的温度可高达 10 000 ℃,平均温度为 4 000 ℃;火柴明火的温度可达 1 200 ℃,其温度完全可以引起煤尘云着火并发展为爆炸。

2.1.1.2 沉积煤尘爆炸的条件

沉积于设备底部或设备壁面的煤尘,即使在充足的氧气条件下,也可能不会爆炸,沉积煤尘的爆炸有一定的条件。沉积煤尘爆炸应同时满足以下两式:

$$P_d \geqslant Q_d \tag{2.1}$$

$$T \geqslant T_{zh} \tag{2.2}$$

式中：P_d——扬起沉积煤尘的动力,kPa;

Q_d——煤尘从沉积态变成悬浮态所需的最小动力,kPa;

T ——点火源的温度,K;

T_{zh}——空气中悬浮煤尘的最低着火温度,K。

这就是说,沉积煤尘爆炸必须具备一定的动力学条件和热力学条件。研究表明 Q_d 与沉积煤尘的表面密度、比表面积、内摩擦力成正比。计算和试验测得 Q_d 为 4～6 kPa。

在煤粉制备及加压输送过程中,设备内部由惰性气体保护,设备内部处于微正压或高压的环境状态,若发生泄漏,会将设备外部的沉积煤粉扬起。在此过程中,沉积煤粉爆炸所必须具备的一定动力学条件和热力学条件都有可能得到满足。因此,设备外部沉积的煤粉应定期清理。

2.1.1.3 备煤系统煤粉爆炸条件分析

煤制油化工工艺所制备的煤粉一般为高挥发分煤粉,煤粉的挥发分含量越高,其爆炸危险性越大,因此,煤尘爆炸必须具备的四个条件中的"煤尘本身具有爆炸性"这一条件,对于备煤系统来说,其重要性是显而易见的。

针对煤尘爆炸的第二个条件"有适合浓度的氧气",在备煤系统中,通过管道对煤粉进行输送,并在管道内采用惰性气体进行保护,其氧气浓度一般控制在 8%以下,以防止管道内的氧气浓度达到爆炸所需浓度而引发爆炸事故的发生。而对于管道内的氧气浓度控制指标是否合理,或者控制在 8%以下的理论依据,则需要通过煤尘的极限氧含量测定试验进行确定。若管道内的氧气浓度控制指标合理,煤粉在管道输送过程中,已杜绝了"有适合浓度的氧气"这一必要条件,则不存在发生煤粉爆炸的可能。但煤粉一旦发生泄漏,在外部空间直接与空气接触,便具备了"有适合浓度的氧气"这一条件。

针对煤尘爆炸的第三个条件"煤尘要以适当浓度在空气中悬浮",在备煤系统中,主要指煤粉发生泄漏之后,外部空间由于管道压力及外部自然通风等原因容易发生煤粉的扬尘,形成一定浓度的煤尘云,并且外部空间又有足够浓度的氧气,若同时存在点火源,则有发生煤粉爆炸的可能。煤化工所用的煤的种类不同,其爆炸下限浓度会存在很大差异,需要通过试验测试得到。

针对煤尘爆炸条件的第四个条件"有足够能量的点火源",在整个生产环境中其是最为常见,也是最难得到有效控制的。必须首先了解煤尘云最低着火温度、煤尘云最小着火能量以及煤尘层最低着火温度等参数,为点火源的预防和控制提供依据,也为爆炸性粉尘环境中电气设备的选型提供依据。

对于备煤系统,可能出现的点火源的种类很多,且都有可能引起煤粉爆炸,具体如下:
① 明火焰,主要包括动火作业、吸烟、气焊割等;
② 高温物体,主要包括焊割作业金属熔渣、电气设备热表面等;
③ 电气火花,主要包括接线盒、开关、控制箱等漏电、短路、接触不良等;
④ 撞击与摩擦,主要包括使用铁制工具、运输工具撞刮、润滑不良轴承等;
⑤ 光线照射与聚焦,如雷闪电、光线聚焦等;
⑥ 化学反应放热,主要包括煤粉的自燃、其他物品引起的火灾等;
⑦ 静电放电,主要包括电晕放电、静电积累、火花放电等。

综上所述,可以通过消除煤粉爆炸的条件来预防煤粉爆炸。对于备煤系统来说,其整个工艺过程采用惰性气体进行保护,严格控制了氧气的浓度,因此最重要的手段就是如何防止煤粉泄漏。

煤粉一旦发生泄漏,空气中的氧气无法隔绝,煤粉本身具有爆炸性且极易在外力作用下形成煤尘云,最有效的手段是控制点火源的出现以及尽快清除作为爆炸源的煤粉。因此,在日常的管理过程中,应针对点火源的控制,制定严格的管理措施,防止煤粉泄漏之后点火源的出现;煤粉泄漏之后,应尽快采取措施,清理掉煤粉,并尽可能地防止煤尘云的出现。

2.1.2 煤尘爆炸机理研究

对煤尘爆炸机理的研究,迄今为止有两种理论:一是热爆炸理论,二是链式反应理论。通过分析认为,煤尘爆炸的原因是热爆炸和链式反应共同造成的一种非均质反应。

2.1.2.1 热爆炸理论

当某一燃烧反应在一定空间内进行时,若散热困难,反应温度则不断升高,而温度升高又加快了反应速度,这样最后就发展成爆炸。这种爆炸是由热效应引起的,称为热爆炸。故反应时的热效应是断定物质能否爆炸的一个重要条件。

煤是可燃物质,煤被粉碎成细小颗粒后,增大了表面积。普遍认为,煤尘爆炸实质上是一个氧化过程,当它悬浮在空气中,增大了与氧的接触面积,加快了氧化反应,同时也增加了受热面积,加速了热化过程。当煤尘颗粒受热时,单位时间内吸收较多热量而使温度很快升高,而温度的升高又加快了氧化速度,发生热分解,释放出可燃气体,如 1 kg 挥发分含量为 20%~26% 的焦煤,受热后能放出 290~350 L 可燃气体。可燃气体与氧气混合引起着火,放出热量产生火焰,火焰初始速度在 20 m/s 左右,而这些热量又传递给邻近的煤尘颗粒,使这些煤尘颗粒受热而燃烧。因此氧化反应速度越来越快,温度越来越高,范围越来越大,导致气体运动,并在火焰前形成冲击波。当反应放出的热量大于损失的热量时,这种反应可自行维持,周而复始,最终达到跳跃性阶段,导致发生爆炸。煤尘的燃烧过程如图 2.1 所示。

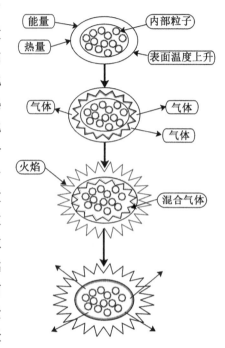

图 2.1 煤尘的燃烧过程

根据这个观点,可以看到,要使煤尘发生爆炸,有两个至关重要的条件:一是氧浓度,二是反应放出的热量必须大于损失的热量。在热爆炸理论的基础上,迄今为止,对煤尘爆炸机理的描述,归纳起来主要有两种观点。

一种观点认为煤尘爆炸是在气相中进行的均质反应。在点火源加热煤粒时,煤粒首先发生分解反应(这个过程又称气化),释放出高温气态分解产物 CH_4、C_nH_{2n+2}、CO、H_2 等,其中主要产物是 CH_4;这些气态产物在浓度、温度适合时,接着发生气体着火,放出大量的热能,并通过热传递加热未反应的煤粒,使其发生分解反应、释放出气态产物,接着被点燃;依次加速下去便发生系统压力跃升而形成爆炸。在这个过程中,CH_4、C_nH_{2n+2}、CO、H_2 等与空气中的氧发生均质反应。

另一种观点认为煤尘爆炸是在气相、液相和固相中进行的非均质反应。点火源加热煤粒时,在不太高的温度下粉粒开始变形、膨胀起泡形成包裹着煤粒的气相膜,并发生分解反应,释放出气态产物;在浓度、温度适宜时气体被点燃。由于热冲击,氧到达炽热的煤粒表面(外表面及内孔表面),发生 C 的氧化反应、CO_2 与 C 的还原反应和 CO 的氧化反应等一系列非均质和均质反应,反应方程式见式(2.3)~式(2.7)。

$$2CH_4 + 4O_2 \longrightarrow 4H_2O + 2CO_2 + 8.895 \times 10^5 \text{ J/mol} \tag{2.3}$$

$$C + O_2 \longrightarrow CO_2 + 3.9397 \times 10^5 \text{ J/mol} \qquad (2.4)$$

$$2C + O_2 \longrightarrow 2CO + 2.086 \times 10^5 \text{ J/mol} \qquad (2.5)$$

$$CO_2 + C \longrightarrow 2CO - 1.7535 \times 10^5 \text{ J/mol} \qquad (2.6)$$

$$CO + \frac{1}{2}O_2 \longrightarrow CO_2 + 5.6932 \times 10^5 \text{ J/mol} \qquad (2.7)$$

由于过程中的放热反应放出的热量大于吸热反应吸收的热量，这些反应在煤尘云中依次加速进行下去，表现为火焰在煤尘云中传播，产生冲击波，出现压力跃升的动力学效应。两种观点都提出煤尘云在发生爆炸时有一个准备的时间，即从煤尘与点火源接触到释放出一定浓度的高温分解产物并被点燃的时间，这个时间间隔称为爆炸的感应期，又叫作点火延迟时间，它取决于煤的变质程度和点火源的温度。

2.1.2.2 链式反应理论

链式反应理论是由苏联科学家谢苗诺夫提出的。他认为物质的燃烧经历以下过程：可燃物质或助燃物质先吸收能量而离解为游离基，与其他分子相互作用发生一系列连锁反应，将燃烧热释放出来。

物质分子间发生化学反应，首要条件是相互碰撞。在标准状态下，单位时间、单位体积内气体分子相互碰撞约1 028次。但相互碰撞的分子不一定发生反应，而只有少数具有一定能量的分子相互碰撞才会发生反应，这种分子称为活化分子。

根据链式反应理论，气态分子相互作用，不是两个分子直接作用得出最后产物，而是活性分子自由基与另一分子起作用，作用结果产生新基，新基又迅速参与反应，如此延续下去而形成一系列的链式反应。链式反应通常分为直链反应与支链反应两种。在支链反应中，一个活性粒子（游离基）能生成一个以上的活性粒子中心。

任何链式反应都由三个阶段构成：① 链的引发，即游离基生成，初始反应被触发，使链式反应开始；② 链的传递（包括支化），游离基作用于其他参与反应的化合物，产生新的游离基，从而维持链式反应的进行；③ 链的终止，即游离基的消耗，使链式反应终止。当游离基被消耗或与其他分子结合，无法再继续引发新的反应时，链式反应终止。这些阶段共同构成了链式反应的基本过程，确保了反应能够延续进行下去。

链式反应的速度可用式(2.8)表示：

$$W = \frac{F(c)}{f_c + A(1-\alpha) + f_s} \qquad (2.8)$$

式中，$F(c)$——反应物浓度函数；

f_c——链在气相中的销毁因素；

f_s——链在器壁上的销毁因素；

A——与反应物浓度有关的函数；

α——链的分支数，在直链反应中 $\alpha=1$，在支链反应中 $\alpha>1$。

链式反应中，反应系统的条件（包括温度、压力、杂质、容器材料、大小、形状等）会影响反应速度。在一定条件下，如 $f_c+A(1-\alpha)+f_s \to 0$，就会发生爆炸，这就是支链爆炸。

需要指出的是，在热爆炸理论中，反应时的热效应是断定物质能否爆炸的一个重要条件。但有些混合物在较低温度下爆炸时，反应热却很小；而虽然有些反应的反应热很高，但其混合物不仅不爆炸，而且在无催化剂的作用下也不发生反应；还有些爆炸性混合物，可通过加入少量正负催化剂而加速或抑制爆炸的发生。这种爆炸就不能用热爆炸理论来解释，只能用化学动力学的观点来说明，这就是所谓的支链爆炸。对于煤尘的爆炸机理亦可以运用链式反应理论进行分析。

2.2 煤粉燃烧特性研究

煤粉自然发火指标气体、自燃倾向性以及最短自然发火期等参数是进行煤粉火灾事故预防与控制的重要指标，本小节在工业分析的基础上，对某煤制油化工企业备煤系统所制备的煤粉（8#煤样）进行了燃烧特性测试和分析。

2.2.1 煤粉工业分析

依据《煤的工业分析方法》（GB/T 212—2008），对全国各地不同煤样的水分含量、灰分含量及挥发分含量等参数进行测定，所用测试设备马弗炉如图 2.2 所示，煤粉工业分析结果如表 2.1 所示。

图 2.2 WSWK-5 型时温程控仪及 XL-1 型马弗炉

表 2.1 煤粉工业分析结果

煤样编号	煤样来源	挥发分含量 $V_{ad}/\%$	水分含量 $M_{ad}/\%$	灰分含量 $A_{ad}/\%$	固定碳含量 $FC_{ad}/\%$
1#	河南1	7.09	1.73	8.49	82.69
2#	河南2	13.76	1.89	21.93	62.42
3#	重庆	15.9	1.88	44.74	37.48
4#	淮南	22.13	3.18	48.15	26.54
5#	陕西	27.62	2.27	3.61	66.49
6#	陕西	35.95	5.11	14.72	44.22
7#	山东	37.45	3.15	14.81	44.59
8#	某煤制油化工企业	24.84	10.49	17.26	47.41

2.2.2 煤粉自燃倾向性等参数测定

依据国家相关标准,对某煤制油化工企业备煤系统所制备的煤粉(8#煤样)的真相对密度、含硫量、自燃倾向性等参数进行测定,所用仪器如图 2.3～图 2.6 所示,结果如表 2.2 所示。

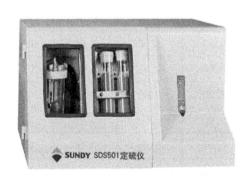

图 2.3 全硫测定仪

图 2.4 温度控制箱

图 2.5 指标气体分析仪

图 2.6 ZRJ-1 型流态色谱吸氧仪器

表 2.2 某煤制油化工企业煤粉自燃倾向性等参数测定结果

真相对密度(TRD)	全硫含量 $S_{t,ad}$	吸氧量 V_d	自燃倾向性等级	自燃倾向性	最短自然发火期
1.51	0.54%	1.08 cm³/g	Ⅰ类	容易自燃	38天

从表 2.2 中可以看出,某煤制油化工企业备煤系统所制备的煤粉真相对密度为 1.51,即在 20 ℃时,煤(不包括煤的内外表面孔隙)的质量与同温度同体积水的质量之比为 1.51;煤粉中全硫(有机硫、无机硫)占比为 0.54%,属于低硫煤;煤粉的吸氧量为 1.08 cm³/g。该企业备煤系统制备的煤粉较易自燃,最短自然发火期为 38 天,自燃倾向性等级为Ⅰ类。

2.2.3 煤粉自然发火指标气体分析

依据测定方法,对某煤制油化工企业备煤系统制备的煤粉(8#煤样)析出气体成分(CO、CO_2、CH_4、C_2H_4、C_2H_6、C_3H_8、C_2H_2)及浓度进行测定,结果如表 2.3 所示。

表 2.3 不同温度下析出气体浓度

温度/℃	气体浓度/ppm						
	CO	CO_2	CH_4	C_2H_4	C_2H_6	C_3H_8	C_2H_2
30	0.00	0.29	4.36	0.00	0.00	0.00	0.00
40	0.07	14.01	3.30	0.00	0.00	0.00	0.00
50	0.09	14.54	4.19	0.00	0.00	0.00	0.00
60	0.05	11.01	4.55	0.00	0.00	0.00	0.00
70	0.11	12.24	7.30	0.01	0.04	0.00	0.00
80	0.12	21.31	3.87	0.01	0.03	0.00	0.00
90	0.64	42.26	5.80	0.01	0.04	0.00	0.00
100	1.93	52.58	5.46	0.02	0.04	0.00	0.00
110	7.47	86.46	5.01	0.03	0.05	0.14	0.00
120	20.27	135.69	4.67	0.05	0.06	0.22	0.00
130	43.40	222.13	4.76	0.07	0.07	0.36	0.00
140	75.29	303.79	4.55	0.09	0.08	0.43	0.00
150	138.08	459.52	4.36	0.17	0.12	0.49	0.00
160	220.97	655.19	2.42	0.27	0.15	1.78	0.00
170	323.54	905.97	1.72	0.39	0.19	2.79	0.00

(续表)

温度/℃	气体浓度/ppm						
	CO	CO_2	CH_4	C_2H_4	C_2H_6	C_3H_8	C_2H_2
180	517.49	1 286.03	3.13	0.61	2.25	2.90	0.00
190	772.64	1 792.58	1.66	0.93	0.27	3.81	0.00
200	1 109.63	2 408.70	2.838	1.36	0.31	3.13	0.00

对煤样析出气体进行分析可得其变化趋势，如图2.7和图2.8所示。

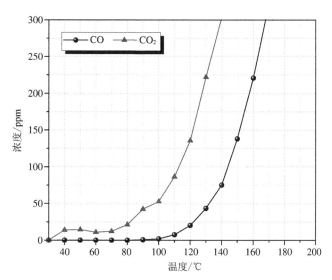

图 2.7 煤样 CO、CO_2 变化趋势图

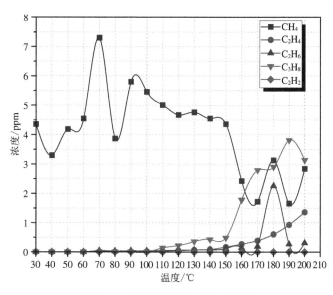

图 2.8 煤样烃类气体变化趋势图

从图 2.7 和图 2.8 中我们可以发现煤样在 30～200 ℃的氧化过程中有规律地析出 CO_2，在 40～200 ℃的氧化过程中有规律地析出 CO，其浓度随温度升高呈上升趋势；煤样在 70 ℃ 时析出 C_2H_4 和 C_2H_6，110 ℃时析出 C_3H_8，且生成量随温度的升高呈指数增加趋势。CO 在 40 ℃时开始出现，其在低温阶段生成量较少，但在 90 ℃时 CO 温升率迅速增加，说明煤已经开始迅速氧化，物理吸附已经越来越弱，而化学吸附占据了主要位置。C_2H_4 在 70 ℃时出现，说明此时煤与氧发生了较强的化学反应。而 C_2H_2 在 30～200 ℃没有出现，说明其出现的温度高于 200 ℃，一旦有 C_2H_2 出现则表明煤已经发生剧烈的化学反应。因此，煤样应将 CO 作为指标气体，并辅以 C_2H_4、C_2H_6 和 C_3H_8 以掌握煤自燃情况。CO 的出现说明煤已经发生氧化反应，C_2H_4 的出现表明煤温已经在 70 ℃及以上，C_2H_2 的出现说明煤温已经超过 200 ℃。根据 CO 的变化趋势可以判断煤自燃的阶段，如果 CO 浓度上升速率较小，那么说明煤温还在 90 ℃以下，否则在 90 ℃及以上。

指标气体优选的原则如下：

（1）CO、C_2H_4、C_2H_2 在一定程度上反映了自然发火的缓慢氧化、加速氧化和激烈氧化三个阶段，因此进行标志气体优选时，应优选考虑这三种标志气体及其指标的适用性；

（2）当煤层赋存瓦斯中有较高含量的重烃组分时，应用链烷比和烯烷比时应考虑重烃释放时间的影响，并考虑其适用性；

（3）低变质程度的褐煤、长焰煤、气煤和肥煤，应优先考虑烯烃及烯烷比标志气体及其指标；

（4）中变质程度的焦煤、瘦煤及贫煤，应优先考虑 CO 和烯烃及烯烷比标志气体及其指标；

（5）高变质程度的无烟煤，应优先考虑 CO 及其派生指标。

通过工业分析得知煤样为低变质程度煤样，结合指标气体优选原则及对煤样的升温氧化试验过程中指标气体出现规律的分析，指标气体选择如下：

（1）在 30～120 ℃之间，可以选择 CO 作为该温度段内的指标气体。在通风量变化不大的情况下，CO 浓度上升到日常量一倍左右时，说明自燃煤炭的温度已经在 90 ℃及以上。特别要注意的是只要发现井下 CO 持续存在且浓度是不断增加的，就是煤炭自燃的征兆。

（2）在 120～200 ℃之间，烯烃浓度随温度升高逐渐增加，由于 C_2H_4 的灵敏度较高，准确性较好，一般来说只要检测到 C_2H_4，便可以判定煤温在 70 ℃及以上，自然发火进入了加速氧化阶段。由于 C_2H_4 产生量小，此温度段建议采用 CO 和 C_2H_4 作为指标气体。

2.3 煤粉爆炸特性研究

2.3.1 煤尘爆炸前后微观结构分析

煤尘的粒径对爆炸压力具有明显的影响，不同的煤尘即使使用同一个标准筛筛分获得,煤尘的粒径也存在着一定的差异。为了研究不同种类煤尘粒径和粒径分布的差异性,根据煤尘挥发分含量的高低选取相应的 5 种煤尘进行电镜扫描,并通过激光粒度分析仪测试其粒径的大小及粒径分布情况。

试验所得 7♯高挥发分煤样经放大 354 倍后的图像如图 2.9(a)所示,从图中可以看出煤尘在经过破碎、研磨以及筛分后呈颗粒状和粉末状,其中颗粒状的煤尘边界棱角清晰。其中位粒径为 19.45 μm,最大粒径为 55.84 μm,最小粒径为 7.37 μm。图 2.9(b)是煤尘单个颗粒经放大 1 170 倍后得到的图像,从图中可以看出煤尘表面光滑,凸起较少,对其进行二值化处理,可得煤尘的孔隙率为 0.24%。

 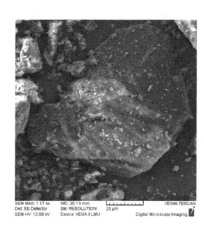

(a) 354 倍　　　　　　　　　　　　(b) 1 170 倍

图 2.9　煤尘颗粒扫描电子显微镜(SEM)图像

基于试验所得各个煤尘的中位粒径、最大粒径和最小粒径绘制表 2.4。

表 2.4　不同煤尘的中位粒径、最大粒径以及最小粒径汇总表

煤样编号	中位粒径/μm	最大粒径/μm	最小粒径/μm	孔隙率/%
1♯	7.55	22.96	2.94	2.916
2♯	9.01	22.79	4.65	1.86
4♯	20.49	60.01	8.26	4.9
5♯	10.16	33.22	4.36	13.6
7♯	19.45	55.84	7.37	0.24

从表 2.4 中可以看出,同种工序下煤尘的粒径存在较大差异,造成这种差异的原因主要是在煤尘制备过程中,研磨的时间长短不一致。

为了研究煤尘爆炸前后粒径和表面孔隙的变化情况,收集 7♯煤样在不同浓度条件下爆炸后的残留物,用电镜观察其粒径和表面形态的变化情况,如图 2.10 所示。将图 2.9 和图 2.10 进行对比分析可知,在未发生爆炸前,煤尘颗粒棱角分明,而不同浓度的固体尘爆炸后的残留物颗粒则表面比较圆润,说明爆炸过程中,煤尘析出了挥发分气体,且固体物质参与了爆炸反应。

 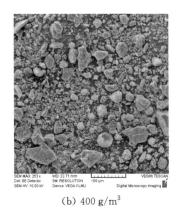 

(a) 300 g/m³　　　　　　　(b) 400 g/m³　　　　　　　(c) 500 g/m³

图 2.10　不同浓度煤尘爆炸后颗粒 SEM 图像

而煤尘浓度不同,爆炸后,残留物的剩余量也不同。通过试验得出,在 250 g/m³ 的浓度下,其爆炸压力是最大的,说明此浓度下煤尘与氧气充分反应,爆炸后的残留物较少。在低于此浓度下,因氧气充足,煤尘在富氧条件下能够充分反应,且浓度越小,试验过程中所用的煤尘越少,爆炸后的残留物越难收集。而在高于 250 g/m³ 的浓度下,因氧气不足,煤尘爆炸过程中发生不完全反应,会留下大量残留物。

基于所测不同浓度煤尘爆炸后残留物的中位粒径绘制图 2.11。从图中可以看出,随着煤尘浓度的增加,爆炸后煤尘的粒径呈现逐渐增大的趋势。例如,300 g/m³ 浓度的煤尘爆炸后,残留物的中位粒径为 15.52 μm,其中位粒径小于原始煤尘的中位粒径 19.45 μm;400 g/m³ 浓度的煤尘爆炸后,残留物的中位粒径增大到 26.19 μm;500 g/m³ 浓度的煤尘爆炸后,残留物的中位粒径增大到 26.6 μm,远远大于爆炸前原始煤尘的中位粒径。

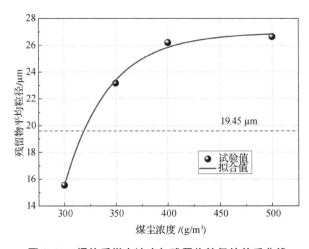

图 2.11　爆炸后煤尘浓度与残留物粒径的关系曲线

造成这种结果的原因是：① 当煤尘浓度为 250 g/m³ 及 250 g/m³ 以下时,此时爆炸容器内的氧气含量充足,煤尘氧化反应较为彻底,煤尘消耗量大。当煤尘浓度大于 250 g/m³ 时,爆炸容器内的氧气无法使煤尘完全反应。由于煤尘颗粒大小不一致,且煤尘颗粒越小比表面积越大,与氧气反应的速度也就越快,在氧气缺少的条件下,小颗粒煤尘快速参与氧化反应并消耗,导致剩余煤尘的中位粒径增大。② 煤尘在不完全反应时发生了结焦现象。当煤尘浓度为 250 g/m³ 时,此时为煤尘的最佳反应浓度,爆炸罐体内的煤尘和氧气恰好可以完全反应,煤尘中的可燃物质被完全消耗,只剩下不可燃的灰分。灰分受爆炸反应区的高温影响液化变软,被冲击波传递至接近室温的爆炸容器壁面,由于温度突然降低,软化后的灰分会发生凝聚现象。由于煤尘中大部分物质被消耗,结焦后的灰分粒径仍然很小。随着煤尘浓度的增大,如煤尘浓度为 400 g/m³ 和 500 g/m³ 时,此时煤尘的可燃物质不能够完全被氧气消耗,残留物较多,发生结焦现象后,煤尘的反应剩余物质的粒径将会增大。随着煤尘浓度的进一步增大,直到不发生爆炸时,煤尘爆炸后剩余物质的粒径预计将会逐渐减小,直到趋近爆炸前煤尘的中位粒径。

爆炸后单个煤尘颗粒表面形貌如图 2.12 和图 2.13 所示。从图 2.12 和图 2.13 中可以看出,爆炸前后单个煤尘颗粒的表面形貌存在很大不同。爆炸前,煤尘颗粒表面棱角分明,而爆炸后,由于煤尘颗粒参与了爆炸反应,颗粒表面棱角变得模糊,能很明显地看到参与爆炸反应的痕迹；煤尘爆炸前,表面的孔隙率很低(只有 0.24%),发生爆炸后,表面的孔隙率显著增加。当煤尘浓度为 400 g/m³ 时,其孔隙率为 2.2%；当煤尘浓度为 500 g/m³ 时,其孔隙率增加至 6.6%。造成这种现象的原因是煤尘在爆炸过程中受热,有挥发分从煤尘内部析出,析出气体首先与氧气发生反应。当煤尘浓度较低时,挥发分与氧气发生反应后,固定碳也会熔融和气化,与氧气反应生成气体。随着煤尘浓度的增加,爆炸反应由完全氧化转为不完全氧化,此时放出的热量较少,由于煤尘含量多、吸热量大,此时热量主要用于挥发分的析出,固定碳无法获得足够的热量熔融和气化,因此孔隙率增加。

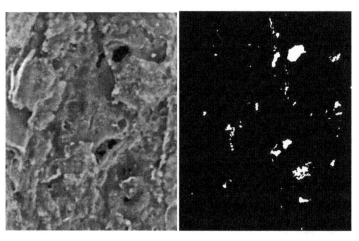

图 2.12   400 g/m³ 煤尘爆炸后颗粒局部 SEM 图像和二值化图像

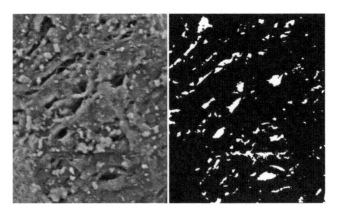

图2.13 500 g/m³ 煤尘爆炸后颗粒局部 SEM 图像和二值化图像

2.3.2 不同煤样析出气体成分分析

采用煤自燃特性综合测试系统及色谱仪对六种煤样的析出气体成分进行了试验研究,分别对40～260 ℃环境条件下析出的气体成分（CO、CH_4、CO_2、C_2H_2、C_2H_4、C_2H_6、C_3H_8）及含量进行了测量分析,试验结果如图2.14～图2.19所示。

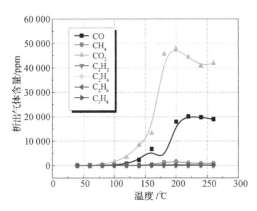

图2.14 1#煤样析出气体成分及含量

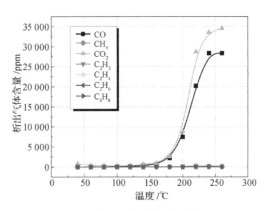

图2.15 2#煤样析出气体成分及含量

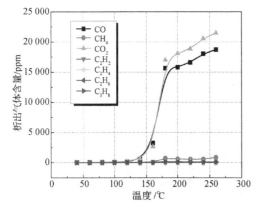

图2.16 4#煤样析出气体成分及含量

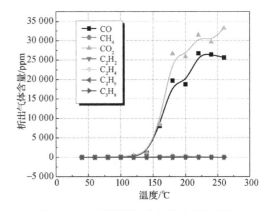

图2.17 5#煤样析出气体成分及含量

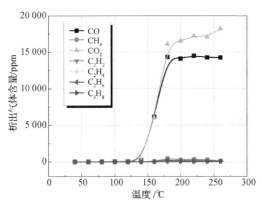
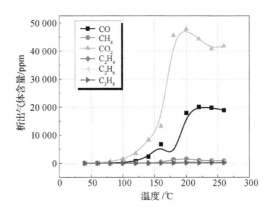

图 2.18　6♯煤样析出气体成分及含量　　图 2.19　7♯煤样析出气体成分及含量

根据煤的热解过程可知,室温到 260 ℃属于煤的干燥脱吸阶段。在这一过程中,煤的外形基本上没有变化。在 120 ℃以前脱去煤中的游离水;120~200 ℃脱去煤所吸附的气体如 CO、CO_2 和 CH_4 等;在 200 ℃以后,年轻煤如褐煤发生部分羧基反应,有热解水产生,并开始分解放出气态产物如 CO、CO_2、H_2S 等;近 300 ℃时开始发生热分解反应,有微量焦油产生。烟煤和无烟煤在这一阶段没有明显变化。

从图 2.14~图 2.19 中可以看出,在 40~260 ℃温度范围内 CH_4 等烃类气体随着温度的升高析出量开始逐渐增多,但与 CO 和 CO_2 相比析出总量很少。烃类气体中,CH_4 的析出量最多,六种煤样中 7♯煤样析出的甲烷量最多,2♯煤样析出的甲烷量最少。在 100 ℃左右时 CH_4 析出速率开始有明显的上升,在 150~200 ℃间上升速率最大。这是因为最先析出的 CH_4 是解析的产物,而在温度达到一定值后析出的 CH_4 则是氧化反应的产物。

其他烃类气体在 150~200 ℃析出速率开始有所增加,但析出量最大都没有超过 210 ppm。其中,C_2H_4 析出的温度相对较低,而 C_2H_2 的析出温度明显要高于 260 ℃。有关学者研究发现煤在自燃氧化过程中初次析出 C_2H_6 的煤温为 145 ℃左右,表明煤炭自燃进入加速氧化阶段。C_3H_8 气体的析出规律与 C_2H_6 基本相同,只是析出温度较高,约在 180 ℃。C_3H_8 的析出表明煤自燃已进入激烈氧化阶段。上述研究成果中 C_2H_6 与 C_3H_8 的析出温度与本次试验基本吻合。

煤是一种大分子混合物,结构复杂多变。结构决定性质,煤表现出多种物理和化学性质。煤的大分子结构也会导致气体产物产生途径的复杂化和多样化,在煤自燃氧化过程的各个阶段都有可能产生 CO,只是产生 CO 的途径和过程存在一定的差异。六种不同挥发分含量的煤样在 40~260 ℃环境条件下析出的气体总量如图 2.20 所示。

从图 2.20 六种不同挥发分含量煤尘的析出气体总量中可以看出,总体上,挥发分含量高的煤尘,析出气体的总量相应越多。但在 40~260 ℃的温度条件下,这不是绝对的,例如 6♯煤尘的挥发分含量较之 5♯和 4♯煤尘的挥发分含量要大,但其析出气体总量与

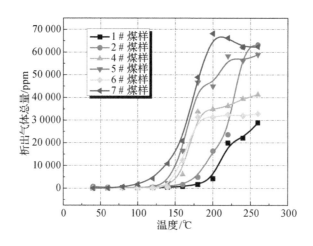

图 2.20　各煤样在不同温度时的析出气体总量

挥发分含量最低的 1# 煤尘相近,说明煤尘析出气体总量并不是和挥发分含量有着严格的线性关系。挥发分含量表征着煤尘升温到 900 ℃ 析出气体的总量,在各个温度范围内不同挥发分含量煤尘析出气体的总量并不是完全随着挥发分含量的增大而增大。

2.3.3　挥发分含量对煤尘爆炸特性的影响研究

2.3.3.1　煤尘云爆炸下限浓度测试研究

粉尘云爆炸下限浓度是指粉尘云在给定能量点火源作用下,能够发生自持燃烧的最低浓度。在实际的工程应用中,可以采用控制工艺设备或巷道中煤尘浓度在爆炸下限浓度以下的方法来防止煤尘爆炸事故的发生。依据《粉尘云爆炸下限浓度测定方法》(GB/T 16425—2018),运用 20 L 粉尘爆炸特性测试系统,对八种不同挥发分含量煤样的爆炸下限浓度进行了测试研究,得到了所选的八种煤样的爆炸下限浓度。试验结果如表 2.5 和图 2.21 所示。

表 2.5　不同挥发分含量煤尘云爆炸下限浓度

煤样编号	1#	2#	3#	4#	5#	6#	7#	8#
挥发分含量/%	7.09	13.76	15.9	22.13	27.62	35.95	37.45	24.84
爆炸下限浓度/(g/m³)	61	76	75	58	20	36	29	25

20 L 粉尘爆炸特性测试系统如图 2.22 所示。该装置由爆炸罐体、喷尘装置、点火装置、数据采集系统、真空配气装置以及除尘装置六大部分组成。其中,爆炸罐体为 20 L 近球形容器,结构强度按爆炸过程中可能出现的最大爆炸压力设计;喷尘装置由粉尘储存仓、0.6 L 喷粉高压气室、快速电磁阀和连接管路组成,整个系统完全密闭;点火装置主要由点火火花杆、点火药头组成,并且与数据采集系统相连,点火的同时进行实时数据采集;数据采集系统由压力传感器、数据采集软件以及数据采集装置组成,采集爆炸过程中爆炸

场的压力参数；真空配气装置主要由真空泵、配气罐体或高压气瓶及连接管路组成；除尘装置主要由除尘器和排风扇组成。

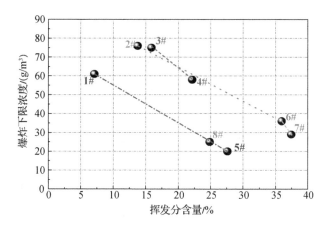

图 2.21　挥发分含量对煤尘云爆炸下限浓度的影响

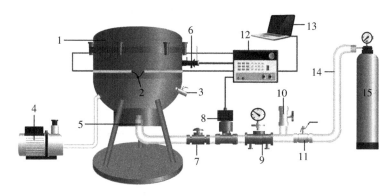

1—20 L 爆炸罐；2—点火头；3—排气阀 1；4—真空泵；5—喷嘴；6—压力传感器；7—粉尘仓；8—电磁阀；
9—储气仓；10—排气阀 2；11—进气阀；12—控制器；13—电脑；14—高压管；15—高压气瓶。

图 2.22　20 L 粉尘爆炸特性测试系统

在进行挥发分含量对煤尘云爆炸下限浓度的影响试验时，所用点火能量均为 10 kJ，煤尘粒径小于或等于 75 μm。从表 2.5 中可以看出，在其他条件不变的情况下，整体上挥发分含量越高的煤尘，其爆炸下限浓度越低。煤尘的挥发分含量越高，说明煤尘的变质程度越低，在爆炸点火过程中，释放出的挥发分气体也就越多，可燃性的挥发分气体首先被点燃，释放出更多的热量，当整个煤尘空气混合系统产生的热量大于系统损失的热量和煤尘云反应过程中吸收的热量时，整个反应就会持续进行下去，发展成爆炸。若煤尘的挥发分含量低，则说明煤尘的变质程度较高，整个煤尘空气混合系统要想发展成爆炸，所需的能量会很大。在点火能量及其他条件一定的情况下，点火过程中虽然也会产生一定的化学反应，但由于整个反应过程中的能量不足，最终反应中断。

从表 2.5 和图 2.21 中可以看出，煤尘云爆炸下限浓度随着挥发分含量的增加总体呈下降趋势。挥发分含量高的煤尘其爆炸下限浓度往往越低,如1#煤尘的挥发分含量为7.09%,其爆炸下限浓度为61 g/m³;7#煤尘的挥发分为37.45%,其爆炸下限浓度降低到了29 g/m³。煤尘云爆炸下限浓度与煤尘的挥发分含量不是严格的线性关系。这是因为影响煤尘云爆炸下限浓度的因素除了挥发分外,还有灰分和水分等,通过对比灰分含量和水分含量相近的三组煤样(1#、5#,3#、4#,2#、6#、7#)的爆炸下限浓度,可以看出灰分含量和水分含量相近的几种煤样,其爆炸下限浓度是随挥发分含量增加严格降低的。

2.3.3.2 煤尘云爆炸压力特性测试研究

最大爆炸压力指在多种反应物浓度下,通过一系列试验确定的爆炸压力 p_m 的最大值;而最大压力上升速率指在多种反应物浓度下,通过一系列试验确定的压力上升速率 $(dp/dt)_m$ 的最大值。最大爆炸压力和最大压力上升速率是反映爆炸猛烈程度的重要参数,是进行爆炸泄压设计和爆炸抑制设计的重要依据。

依据《粉尘云最大爆炸压力和最大压力上升速率测定方法》(GB/T 16426—1996)中的要求,利用20 L粉尘爆炸特性测试系统,对选取的八种不同挥发分含量煤样的最大爆炸压力及最大压力上升速率进行了测试,所得试验结果如表2.6所示。

表2.6 不同挥发分含量煤尘云最大爆炸压力及最大压力上升速率

煤样编号	挥发分含量 V_{ad}/%	浓度/(g/m³)	最大爆炸压力/MPa	最大压力上升速率/(MPa/s)
1#	7.09	300	0.582	34.81
2#	13.76	300	0.566	34.81
3#	15.9	500	0.555	24.49
4#	22.13	450	0.568	27.07
5#	27.62	120	0.615	54.14
6#	35.95	250	0.595	54.14
7#	37.45	250	0.600	87.65
8#	24.84	250	0.620	54.14

煤尘云最大爆炸压力随其挥发分含量的增加有所增加,但增加幅度不是很大。从图2.23和图2.24中可以看出,挥发分含量变化范围较大(7.09%~37.45%),最大爆炸压力的变化范围却不是很大(0.555~0.620 MPa),煤尘云最大爆炸压力随挥发分含量的增加总体呈上升趋势。另外,由于受水分含量、灰分含量等其他因素的影响,对于水分含量、灰分含量相近的三组煤尘样品(1#、5#,3#、4#,2#、6#、7#),其煤尘云最大爆炸压力随挥发分含量的增加呈单调上升趋势。相应最大压力上升速率也随挥发分含量的增加总体呈上升趋势,在挥发分含量在7.09%~37.45%的变化范围内时,最大压力上升速率的变化范围为24.49~87.65 MPa/s。

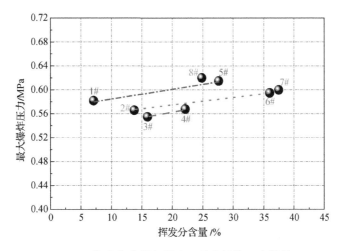

图 2.23 挥发分含量与煤尘云最大爆炸压力的关系

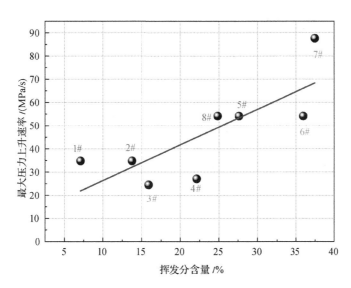

图 2.24 挥发分含量与煤尘云最大压力上升速率的关系

2.3.3.3 煤尘云最低着火温度测试研究

煤尘云最低着火温度是指在煤尘云(煤尘和空气的混合物)受热时,使煤尘云发生可自持的火焰传播的最低热表面温度。煤尘云最低着火温度是进行防爆电气设备的选型、控制发热设备表面温度的重要依据。本试验采用依据国标《粉尘云最低着火温度测定方法》(GB/T 16429—1996)建立的粉尘云最低着火温度测试系统,如图 2.25 所示。系统通过温度控制器和热电偶对反应炉壁及反应炉内温度进行控制和测量,空气压缩机与储气瓶连接,中间设置进排气球形阀,储气瓶与储粉仓中间安装电磁阀。试验过程中,当反应炉内温度恒定到设定值、储气瓶内充入预定压力的空气时,开启电磁阀,压缩空气将储粉仓中的粉尘喷撒到反应炉内。通过研究得出了喷尘压力、煤尘质量以及挥发分含量对煤尘云最低着火温度的影响规律。

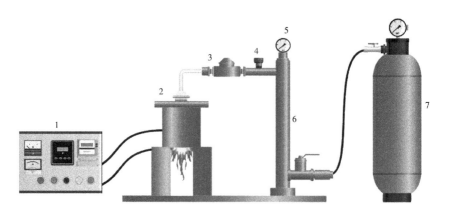

1—温度控制器；2—反应炉；3—储粉仓；4—电磁阀；5—压力表；6—储气瓶；7—高压气瓶。

图 2.25　粉尘云最低着火温度测试系统

① 喷尘压力对煤尘云最低着火温度的影响

为了考察喷尘压力对煤尘云最低着火温度的影响规律，对 5♯煤尘在不同喷尘压力下的最低着火温度进行了试验测试。测试所用 5♯煤尘直径小于或等于 75 μm，煤粉质量为 0.3 g，环境温度为 27 ℃，环境湿度为 57%。不同喷尘压力下 5♯煤尘云最低着火温度的测试结果见表 2.7，喷尘压力对煤尘云最低着火温度的影响如图 2.26 所示。

表 2.7　不同喷尘压力下煤尘云最低着火温度

喷尘压力/kPa	20	30	40	50	80	100
最低着火温度/℃	650	610	650	660	670	690

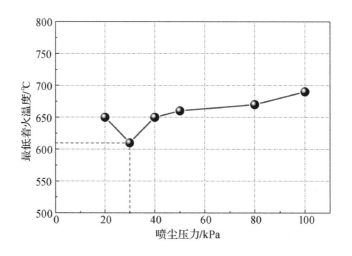

图 2.26　不同喷尘压力条件下煤尘云最低着火温度

由表 2.7 和图 2.26 可知,对于 5#煤尘,喷尘压力从 20 kPa 增加到 30 kPa,煤尘云最低着火温度由 650 ℃降低到 610 ℃,降低了 40 ℃。继续增加喷尘压力,煤尘云最低着火温度会随着喷尘压力的增加而升高,当喷尘压力从 30 kPa 增加到 100 kPa 时,煤尘云最低着火温度由 610 ℃升高到 690 ℃。

从试验结果可以看出,当煤尘质量一定时,存在一个最佳喷尘压力,在这个喷尘压力下形成的煤尘云会以最适当的沉降速度下沉,在最佳的氧气浓度环境中着火燃烧,此时煤尘云的最低着火温度会低于其他喷尘压力条件下的最低着火温度。喷尘压力对煤尘云着火的影响主要有两个方面:一是加大煤尘的流速,缩短煤尘粒子在炉内加热区的滞留时间,影响燃烧反应时间;二是增加新鲜气流的进入,从而增加氧气的浓度,促进煤尘的燃烧。另外,如果喷尘压力过小,那么将会出现喷尘不完全,甚至无法形成煤尘云的情况。

② 煤尘质量对煤尘云最低着火温度的影响

为了考察煤尘质量对煤尘云最低着火温度的影响规律,同样对 5#煤尘在不同质量下的最低着火温度进行了试验测试。测试所用 5#煤粉直径小于或等于 75 μm,喷尘压力为 30 kPa,环境温度为 27 ℃,环境湿度为 57%。不同煤尘质量下 5#煤尘云最低着火温度的测试结果见表 2.8,煤尘质量对煤尘云最低着火温度的影响如图 2.27 所示。

表 2.8 不同煤尘质量下煤尘云最低着火温度

煤尘质量/g	0.1	0.2	0.5	1.0	1.5	2.0
最低着火温度/℃	670	630	570	550	560	580

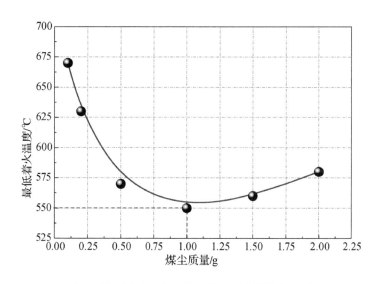

图 2.27 不同煤尘质量下煤尘云最低着火温度

由表 2.8 和图 2.27 可知,对于 5# 煤尘,其质量由 0.1 g 变化到 1 g,煤尘云最低着火温度由 670 ℃ 降低到 550 ℃。当其质量从 1 g 升高到 2 g 时,煤尘云最低着火温度由 550 ℃ 升高到 580 ℃。可知随着煤尘质量的增加,煤尘云最低着火温度逐渐降低;当煤尘质量增加到一定值时,煤尘云最低着火温度将不再降低;当煤尘质量继续增加时,煤尘云最低着火温度开始逐渐上升,但上升幅度不大。

③ 挥发分含量对煤尘云最低着火温度的影响

从煤的燃烧过程中可以看出,由于煤受热后,挥发分首先逸出并包裹在煤尘颗粒周围,在高温作用下挥发分中的可燃气体被点燃,产生的热量传递给周围煤尘颗粒,使燃烧过程持续进行,因此挥发分含量是影响煤尘云最低着火温度的主要因素之一。

通过试验对不同挥发分含量煤尘云的最低着火温度进行了测试,所得试验结果如表 2.9 所示。根据试验中所得数据,将煤尘云最低着火温度和挥发分含量的变化拟合成曲线,如图 2.28 所示。

表 2.9 不同挥发分含量煤尘云最低着火温度

煤样编号	挥发分含量 V_{ad}/%	最低着火温度/℃
1#	7.09	730
2#	13.76	700
3#	15.9	720
4#	22.13	620
5#	27.62	550
6#	35.95	580
7#	37.45	580
8#	24.84	540

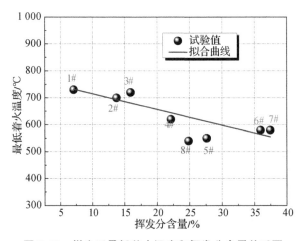

图 2.28 煤尘云最低着火温度和挥发分含量关系图

从表 2.9 和图 2.28 中可以看出,煤尘云最低着火温度总体随煤挥发分含量的增加呈下降趋势。煤样的挥发分含量在 7.09% 时,煤尘云最低着火温度为 730 ℃,煤样的挥发分含量下降到 35.95% 时,煤尘云最低着火温度下降到了 580 ℃。而结果中,3#煤样挥发分含量高于 2#煤样,但是其煤尘云最低着火温度却高于 2#煤样。这说明,煤尘云最低着火温度可能受煤内无机矿物质成分(如灰分、水分)等影响。通过查看两种煤样的工业分析参数发现,3#煤样的灰分含量要高于 2#煤样。但由于煤本身成分的复杂性,灰分只是上述现象出现的影响因素之一,挥发分含量与煤尘云最低着火温度的关系只表现为总体趋势上的线性关系,并不能根据挥发分含量严格判断相近挥发分含量煤样最低着火温度的大小关系。

另外我们还可以看出,煤尘的挥发分含量越低,着火温度就越高,煤尘将很难着火。这是因为挥发分含量低的煤尘颗粒在受热时析出的可燃气体少,在高温下所吸收的能量不足以维持链式反应的进行,反应放出的热量也不能有效地传递给周围的煤尘颗粒,致使燃烧过程不能持续地进行并最终形成爆炸。

2.3.3.4 煤尘层最低着火温度测试研究

粉尘层最低着火温度测试系统依据《粉尘层最低着火温度测定方法》(GB/T 16430—2018)建立,该系统主要由加热炉、粉尘层着火温度测定仪、温度记录仪、热电偶和线路组成,如图 2.29 所示。

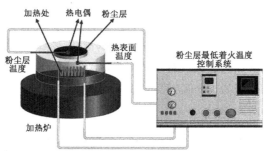

图 2.29 粉尘层最低着火温度测试系统

粉尘层热表面由直径不小于 200 mm、厚度不小于 20 mm 的圆形金属平板制成,热表面由加热炉加热,并由安装在平板内靠近平板中心的热电偶控制温度。粉尘层热电偶直径为 0.20～0.25 mm,且平行于热表面,其接点处于热表面上 2～3 mm 高的平板中心处,此热电偶应与温度记录仪相连,以记录试验期间粉尘层温度。温度测量装置用于控制热表面的温度,并对粉尘层的温度进行记录。金属环上有两个豁口,粉尘层热电偶从豁口穿过,试验期间金属环应放在热表面上的适当位置。

①煤尘层着火状态分析

通过研究发现,煤尘层在高温热表面受热过程中,会呈现不同的状态:原先无明显变化,起始时会有烟雾冒出,然后煤尘层表面逐步干裂,最终会有明显的火星产生,如图 2.30 所示。由煤的热解理论可知,在隔绝空气条件下,室温至 300 ℃ 时,称为干燥脱气阶段,煤尘析出的气体主要有 CO_2、CO、CH_4 等,煤的结构基本不变;350～550 ℃ 时,主要以解聚和分解为主,是煤黏结成焦的主要阶段。因此,煤尘层受热着火过程中的冒烟现象和干裂现象主要是煤的热解造成的。

(a) 无明显变化　　　(b) 冒烟现象　　　(c) 干裂现象　　　(d) 着火现象

图 2.30　煤尘层表面着火状态

不同挥发分含量的煤尘,其着火状态存在一定差异。高挥发分的煤尘在加热 2~3 min 时,开始明显冒烟,经过一定时间冒烟现象逐渐消失,煤尘层表面干裂,并且局部位置有火星出现。随着挥发分含量的降低,加热中冒烟、干裂现象变得不明显,但在加热一定时间后也会有火星出现。

在进行 5 mm 厚的煤尘层着火温度试验时,发现对于不同挥发分含量的煤尘,煤尘层着火的判断准则存在很大差异。

挥发分含量较高(>35%)的煤尘在较低温度便出现着火现象,用肉眼很容易观察到火星的出现,温度曲线波动剧烈,如图 2.31(a)所示。这是因为高挥发分的煤尘,在受热过程中很容易出现着火现象。由于煤尘层相对较薄,表面散热较快,火星在燃烧一段时间后,很快熄灭。同时煤尘层的其他区域,又会由于温度积聚而被点燃,出现火星,温度又会有所升高。这样依次进行,使得位于中心点附近的热电偶所探测到的温度出现明显的波动。而挥发分含量小于 15% 的煤尘不容易被点燃,在煤尘层表面很难观察到明显的着火现象。在恒温热板加热过程中,煤尘层持续受热,温度逐步升高,则需要根据煤尘层内部"温度达到 450 ℃"来判断其是否着火,如图 2.31(b)所示。当挥发分含量在 15%~35% 之间时,则根据《粉尘层最低着火温度测定方法》(GB/T 16430—2018)第 6.3.4 条规定的几种准则综合判断其是否着火。

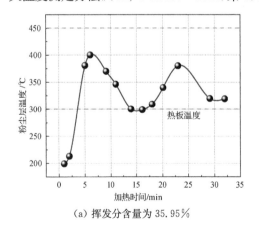 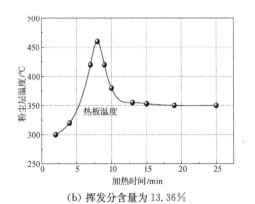

(a) 挥发分含量为 35.95%　　　(b) 挥发分含量为 13.36%

图 2.31　热表面煤尘层典型温度-时间曲线

② 挥发分含量对煤尘层最低着火温度的影响分析

利用粉尘层最低着火温度测试系统对八种不同挥发分含量煤样的煤尘层最低着火温度进行了测试,所得试验结果如表 2.10 所示。

表 2.10 不同挥发分含量煤尘层最低着火温度

煤样编号	挥发分含量 V_{ad}/%	最低着火温度/℃
1#	7.09	370
2#	13.76	350
3#	15.9	390
4#	22.13	350
5#	27.62	340
6#	35.95	300
7#	37.45	270
8#	24.84	340

基于表 2.10 中的数据绘制图 2.32。从表 2.10 和图 2.32 中可以看出,煤尘层最低着火温度随挥发分含量增加总体呈下降的趋势。当挥发分含量从 7.09% 升高到 37.45% 时,煤尘层最低着火温度从 370 ℃ 降低到 270 ℃,可见挥发分含量对煤尘层最低着火温度的影响非常明显。

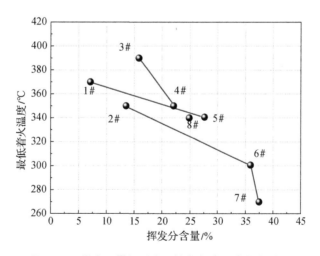

图 2.32 煤尘层最低着火温度与挥发分含量的关系

按照近似的灰分含量,可以将测试煤样分为 3 组:3# 和 4# 煤样为一组,该组为高灰分(≥40%)煤样;1# 和 5# 煤样为一组,该组为低灰分(≤10%)煤样;2#、6#、7# 煤样为一组,该组灰分含量在 18%±5% 范围内,相对于另两组煤样为中等灰分煤样。从图

2.32中可以看出,在灰分含量相当的情况下,煤尘层最低着火温度随挥发分含量增加呈现严格递减的变化趋势。

这是因为煤的燃烧通常首先是水分的蒸发,紧接着挥发分逸出,挥发分可以在煤粉颗粒表面进行均相燃烧;挥发分与空气的混合物的着火温度很低,在高温下将先于焦炭着火,产生的热量传递给周围的煤粉颗粒,提高了焦炭的温度,为其着火燃烧提供了有利条件;而焦炭内部又将形成众多空洞,从而进一步增加了焦炭反应的总面积;同时煤的干燥无灰基挥发分含量越高,煤的煤化程度越低,加上煤质较软,含有大量的腐殖质,越容易燃烧,因此其着火温度就越低。但由于煤本身成分的复杂性,挥发分含量对煤尘层最低着火温度的影响只表现在总体趋势上,并不能用来严格判断煤样最低着火温度的大小关系。

③ 不同厚度煤尘层的最低着火温度

根据热爆炸理论,对于某一给定的系统,粉尘热自燃或热爆炸的判别条件可用式(2.9)表示。

$$\delta \geqslant \delta_{cr} \tag{2.9}$$

式中">"表示爆炸(或起火)不可避免,"="表示临界情况;δ_{cr}为理论研究中得到的一个常数,是一个判据,一般情况下,它仅是系统的几何形状、边界条件的函数,当将试验结果外推应用到工业上时,δ_{cr}有10%的误差只会引起临界尺寸约5%或临界温度1K的误差,这对于工业应用已足够精确,对于圆柱形反应物,通常取2,而不再进行修正;δ称为弗朗克-卡敏斯基(Frank-Kamenetskii)参数,是给定系统的特性参数,对于固体反应物,其定义式为

$$\delta = \frac{a_0^2 Q E \sigma A \exp(-E/RT_a)}{kRT_a^2} \tag{2.10}$$

式中,Q——反应产生的热量,J;

E——反应活化能,kJ/mol;

A——指前因子;

R——气体常数,8.314 J/(mol·K);

k——反应速率常数;

a_0——特征尺寸,m;

T_a——环境温度,K;

σ——反应物质的密度,kg/m³。

在临界条件($\delta = \delta_{cr}$)时,特征尺寸a_0和热板临界温度$T_{a,cr}$之间的关系可由式(2.10)两边取对数得到。

$$\ln(\delta_{cr} T_{a,cr}^2 / a_0^2) = M - N/T_{a,cr} \quad 0 < a_0 \leqslant 0.01, R^2 = 0.961 \tag{2.11}$$

式中:$M = \ln(Q\sigma AE/kR), N = E/R$。

M 和 N 是由反应物的物理和化学性质决定的量,是反应物的特性常数。由式(2.11)可以看出,$\ln(\delta_{cr} T_{a,cr}^2/a_0^2)$ 和 $T_{a,cr}^{-1}$ 呈线性关系,只要在实验室中测出煤尘的这条直线,即可得到该种煤尘的特性常数 M 和 N。

针对 7# 高挥发分的煤尘,测得厚度为 $2a_0$ 时的临界热板温度,即不同厚度煤尘层的最低着火温度,结果如表 2.11 所示。将试验结果代入式(2.11),可得到 $\ln(\delta_{cr} T_{a,cr}^2/a_0^2)$ 及 $T_{a,cr}^{-1}$ 的值分别为 25.31、23.88、23.40、23.00 及 1.81×10^{-3}、1.84×10^{-3}、1.88×10^{-3}、1.91×10^{-3},从而可得 M 和 N 分别为 63.548 和 21329。因此,可以根据式(2.11)计算不同厚度煤尘层的最低着火温度理论值。

表 2.11 不同厚度煤尘层最低着火温度

序号	热板厚度 $2a_0$/m	最低着火温度 $T_{a,cr}$/℃
1	5×10^{-3}	280
2	10×10^{-3}	270
3	12.5×10^{-3}	260
4	15×10^{-3}	250

2.3.4 其他影响因素分析

煤尘爆炸受很多因素的影响,有煤的性质、粒度、化学组成,以及外界条件等。有些增强其爆炸危险性,有些抑制和减弱其爆炸危险性。分析煤尘爆炸影响因素并在实际工作中结合具体情况加以运用,就能减少甚至避免煤尘爆炸的发生。除了挥发分含量之外,其他影响因素还有煤尘浓度、煤尘粒度、其他可燃气体的含量、煤的水分含量、煤的灰分含量等。

1. 煤尘浓度

煤尘爆炸有最佳爆炸浓度,煤尘种类不同,最佳爆炸浓度也不同。小于最佳爆炸浓度直到爆炸下限浓度,其爆炸强度依次变小,而大于最佳爆炸浓度直至爆炸上限浓度,其爆炸强度由不变到减小。不同浓度煤尘的最大爆炸压力变化情况如图 2.33 所示。

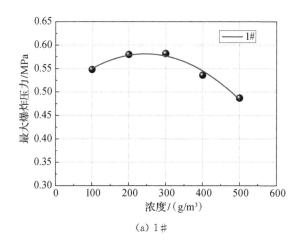

(a) 1#

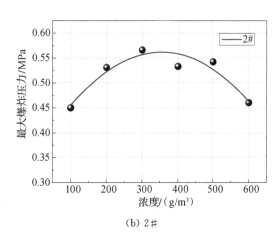

(b) 2#

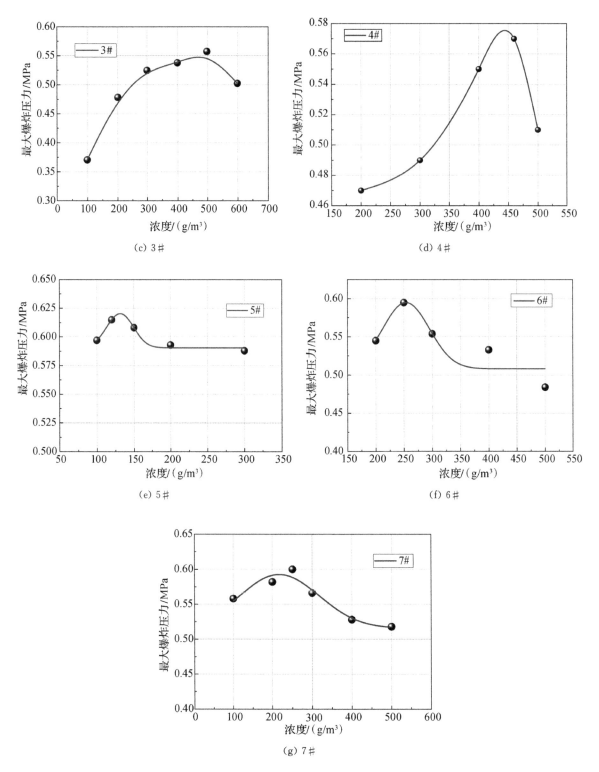

图 2.33 不同浓度煤尘的最大爆炸压力

2. 煤尘粒度

一般细微的尘粒容易燃烧或爆炸,其原因之一是尘粒具有较大的表面积,由表 2.12 可以看出随着尘粒粒径减小尘粒表面积的增加情况。

表 2.12 不同粒径尘粒的表面积

尘粒的粒径/mm	在 1 cm³ 内尘粒的个数	全部尘粒的表面积/cm²
10	1	6
1	10^3	60
0.1	10^6	600
0.01	10^9	6 000
0.001	10^{12}	60 000

表面积急剧增加的结果,大大增加了尘粒和氧的接触面积,促进了氧化,同时也增大了受热面积,加速了可燃气体的释放,所以,煤尘的粒度对爆炸性的影响极大。总的来说,煤尘的粒度越小,爆炸性越强。国内外的试验结果表明,从极微细的煤尘到直径为 0.75~1 mm 的煤尘都能参与爆炸。但是煤尘爆炸的主体是粒径为 0.075 mm 以下的煤尘粒子。这种粒子的含量越高,煤尘爆炸性越强,但二者并不呈直接关系,而是 0.075 mm 以下的煤尘粒子含量达 70% 后,爆炸性就基本上不再增强了。我国的试验结果表明:粒径小于 0.75 mm 的煤尘,其爆炸性与粒度的关系,总的趋势是随着粒度的变细爆炸性逐渐增强,但粒径为 0.03 mm 以下的粒子,其爆炸性增强的趋势就比较平缓了。从爆炸性与比表面积的关系也可以得到同样的结果。煤尘粒子比表面积从 2 000 cm²/g 增加到 5 000 cm²/g 时爆炸性得到很大的增强,而粒度再细(即相当于得到 0.03 mm 以下的粒子),即使比表面积从 5 000 cm²/g 增加到 15 000 cm²/g,煤尘爆炸性的变化也不显著了。国外认为粒径小于 0.01 mm 时,爆炸性反而会随着粒度的变细而减弱。其原因是:(1) 煤尘太细时,就会分裂成化学成分不同的小分子;(2) 很细的煤尘有凝结成屑片的趋势;(3) 煤尘太细时,很快就被氧化,反而降低了爆炸性。

而某煤制油化工企业煤粉制备工艺所制备的煤粉,其粒径基本在 90 μm 以下,粒径小于 75 μm 的煤粉占比大于 80%,说明从粒径的角度考虑,其爆炸性是最强的。

3. 其他可燃气体的含量

如果煤尘云中混有其他的可燃性气体,那么会明显影响煤尘的爆炸特性。如当空气中存在瓦斯时,煤尘爆炸下限浓度就会降低,瓦斯浓度越高,煤尘爆炸下限浓度越低。重庆院对瓦斯含量对煤尘爆炸下限浓度的影响进行了试验研究,所得试验结果如图 2.34 所示。

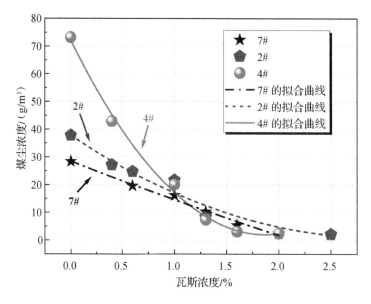

图 2.34　瓦斯浓度对煤尘爆炸下限浓度的影响

通过研究认为,随着瓦斯浓度的增加,煤尘爆炸下限浓度降低,在较低瓦斯浓度时(瓦斯浓度在0～1.0%范围内),煤质组成成分对爆炸下限浓度影响较大,爆炸过程中煤尘起主导作用,相应的瓦斯和煤尘共存的爆炸复合体系表现为"强煤尘"性;瓦斯浓度较大(甲烷浓度大于1.5%)时,煤尘爆炸下限浓度也接近于"零"(小于 5 g/m^3),即使试验中使用很少的煤尘量也可能发生爆炸,这时爆炸过程中瓦斯起主导作用,相应的瓦斯和煤尘共存的爆炸复合体系表现为"强瓦斯"性。

4. 煤的水分含量

煤的水分有减弱和阻碍爆炸的性质,起到了附加不燃物质的作用。水被蒸发要吸收大量的热量,煤尘所含水分有减弱和阻碍煤尘云着火的性质。水分含量大于6%后,煤尘云着火能量增大,着火困难。

水分还有阻碍生成煤尘云的黏结作用。煤尘的水分在爆炸前对起爆有抑制作用,能阻碍煤尘的燃烧,但是在爆炸发生后,煤尘本身水分所起的作用就微不足道了。美国在巷道中的试验表明,细微煤尘的水分含量即使增到25%仍然参与了强烈的爆炸,此时的煤尘已是黏稠的泥状,用手捏即成煤泥球。

5. 煤的灰分含量

灰分为煤尘中的不燃物质,它能吸收煤尘燃烧时放出的热量,起到冷却和阻止热量传播的作用。

随着灰分含量的增加,煤尘云着火能量增大。煤尘所含灰分含量增加,其爆炸性随之减弱。但是试验表明,含量为20%以下的灰分对煤尘的爆炸性没有很大的影响,只有含量达到40%时爆炸性才急剧减弱,灰分含量超过45%后,着火极其困难。此外,灰分增加了煤尘的比重,这就加大了煤尘的沉降速度,灰分的含量越大,沉降速度就越大。这在抑制煤尘爆炸方面是有一定意义的。目前煤矿所采用的撒布岩粉法,就是利用这一原理来削弱和抑制煤尘爆炸的。

6. 环境的影响

煤粉制备及加压输送系统内的环境是非常复杂的,对煤粉爆炸的影响表现在以下方面:

一是煤粉制备及加压输送系统的尺寸及构造形式的影响。包括设备内空间的大小,管道的转弯、分岔,以及断面是否变化、断面形状等。

二是设备等障碍物的影响。煤粉制备及加压输送系统是个大型的系统,内部存有诸多设备,若煤粉发生爆炸,则设备会损坏,同时设备还阻碍了爆炸的传播,使得爆炸威力更大。

7. 爆炸过程中的影响因素

燃烧锋面的热损失、边界层的能量损失、燃烧区域与设备壁面的热交换等都是爆炸过程中的影响因素,这些热损失可以将煤尘爆炸的强度减小,但同时由于系统内部空间相对狭小,其热损失对整个爆炸过程产生的热量来说,相对较小。

8. 其他

如煤尘的飞扬性、煤尘在系统内的分布、引爆物的种类、系统内沉积煤尘的情况等都同样能影响煤尘爆炸性。例如沉降在系统设备顶部的煤粉一般具有粒度小、干燥、飞扬性强的特点,容易形成浮游煤粉,所以它非常容易参与煤粉爆炸。

2.4 煤粉爆炸危险性分级研究

2.4.1 煤粉爆炸性鉴定

我国的大多数煤矿和煤尘在可燃挥发分含量超过 10% 后即具有爆炸性。苏联把可燃挥发分含量 10% 作为界限值,日本将挥发分含量超过 11%、粒径小于 0.64 μm 的煤尘作为有爆炸性的煤尘,德国把挥发分含量超过 14%、美国把挥发分含量超过 10%、英国将挥发分含量超过 15% 的煤尘作为有爆炸性的煤尘。

我国《煤矿安全规程》(2022 版)第一百八十五条规定,新建矿井或者生产矿井每延深一个新水平,应当进行 1 次煤尘爆炸性鉴定工作,鉴定结果必须报省级煤炭行业管理部门和煤矿安全监察机构。煤矿企业应当根据鉴定结果采取相应的安全措施。在实际操作过程中,确定一种煤尘是否有爆炸性,更重要的方法是通过试验进行鉴别。除可以利用煤尘爆炸试验巷道进行鉴定外,一般都是在实验室利用煤尘爆炸性试验装置进行鉴定。

2.4.1.1 试验设备

大管状煤尘爆炸性鉴定分析系统是对煤尘爆炸危险性进行鉴定的专业分析设备,依据《煤尘爆炸性鉴定规范》(AQ 1045—2007)研制而成,如图 2.35 所示。该装置由造尘云部分、燃烧部分、通风排烟除尘部分、箱体部分四个部分组成。其中,造尘云部分由试样管、空气压缩机、电磁阀及导管组成;燃烧部分由石英玻璃管、加热器及其温度控制系统组成;通风排烟除尘部分由弯管、滤尘箱及吸尘器组成。

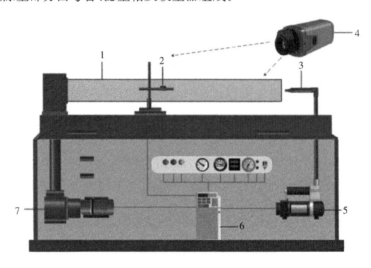

1—石英玻璃管;2—加热器;3—喷尘装置;4—高速摄像机;5—空气压缩机;6—控制器;7—吸尘器。

图 2.35 大管状煤尘爆炸性鉴定分析系统

确定煤尘有无爆炸性和煤尘爆炸性的强弱,主要依靠观察燃烧管内煤尘的燃烧或爆炸状态,分以下几种情况:(1)加热器上只出现稀少的火焰或根本没有火焰,表明该煤尘无爆炸性;(2)火焰在燃烧管内向加热器两侧连续不断或不连续地向外蔓延,表明该煤尘具有爆炸性,但属于爆炸性微弱的煤尘;(3)火焰在燃烧管内向加热器两侧迅速蔓延,表明该煤尘具有爆炸性,而且属于具有强烈爆炸危险的煤尘。

鉴定时将试样装入试样管内,由高压气将试样沿试样管吹入石英玻璃管,造成尘云,有爆炸性的尘云遇到石英玻璃管内的加热器后燃烧,爆炸后的气体、粉尘由吸尘器经弯管吸入滤尘箱和吸尘器内。

2.4.1.2 试验步骤

(1)打开电源开关;

(2)打开空气压缩机开关,充压至 0.05 MPa;

(3)用 0.1 g 精度的架盘天平称取 1 g(±0.1 g)鉴定煤样装入试样管内,将煤样聚集在试样管的尾端,插入弯管。

(4)开启加热器开关,使温度升至 1 100 ℃±1 ℃;

(5) 按动喷尘按钮,将试样喷进石英玻璃管内,造成尘云;

(6) 观察煤尘通过加热器时是否产生火焰并记录火焰的长度;

(7) 每试验完一个鉴定煤样,要清扫一次石英玻璃管,并用牙刷顺着铂金丝缠绕方向轻轻刷掉加热器表面上的浮尘(试验完 60 个鉴定煤样更换一个加热器)。同时开动装在室内窗上的排风扇,进行通风,置换实验室内空气。

2.4.1.3 试验结果及分析

表 2.13 煤样爆炸性鉴定结果

煤样编号	V_{daf}/%	火焰长度/mm	所需岩粉含量/%	是否具有爆炸性
8#	36.15	160	45	是

注:V_d 和 V_{daf} 都是表示煤炭挥发分含量的指标,它们的主要区别在于计算时使用的分母不同。V_d 是煤炭的挥发分含量,其计算时以煤的干物质质量(包括灰分和有机质,不包括水分)为分母。V_{daf} 是煤炭的干燥无灰基挥发分含量,其计算时以扣除水分和灰分后的有机质质量为分母。因此,V_d 和 V_{daf} 在计算方法和数值上有一定差别。

通过试验测试可知,某煤制油化工企业煤样具有爆炸性,火焰长度为 160 mm,所需岩粉含量为 45%。

2.4.2 依据立方根法分级

目前,在国际上最有影响的是德国分级方法,又称立方根法。该分级方法被国际标准 ISO 6184 和 NFPA 68 所采纳。具体分级方法如下:

$$K = (dp/dt)_m V^{1/3} \qquad (2.12)$$

式中,V ——容器体积,m³;

$(dp/dt)_m$ ——压力上升速率,MPa/s。

作为判据,将可燃性粉尘爆炸强度划分为 4 个等级,如表 2.14 所示。

表 2.14 K_{st} 值与粉尘爆炸强度等级关系

等级	K_{st}/(MPa·m/s)	爆炸特征
S_{t0}	0	不爆
S_{t1}	$0 < S_{t1} < 20$	弱
S_{t2}	$20 \leq S_{t2} < 30$	强
S_{t3}	$S_{t3} \geq 30$	严重

在所有粉尘浓度范围内的 K 数值中的最大者为爆炸指数 K_{st}(或写成 K_{max})。同种粉尘在不同体积的爆炸容器中测得的最大压力上升速率 $(dp/dt)_m$ 不同,但爆炸指数 K_{st} 基本是一样的。

最大爆炸压力 p_m、最大压力上升速率 $(dp/dt)_m$、爆炸指数 K_{st} 是表征煤尘爆炸强度的重要参数,对设施、设备的结构强度设计和防爆泄压面积的计算有重要作用,是煤粉生产过程中有关设备及工房的抗爆、泄爆及隔爆装置设计的主要依据。

国际标准 ISO 6184/1—1985 推荐采用 1 m³ 爆炸容器或 20 L 球形爆炸测试装置对最大爆炸压力 p_m、最大压力上升速率 $(dp/dt)_m$、爆炸指数 K_{st} 进行测试。由于 20 L 球形爆炸测试装置体积小、操作轻便、试验费用低,实验室多选用 20 L 球形爆炸测试装置作为粉尘爆炸研究的试验装置。

在 2.3 小节中已通过测试得出了某煤制油化工企业煤样的最大爆炸压力及最大压力上升速率,则可计算其爆炸指数 K_{st},如表 2.15 所示。

表 2.15 煤尘云最大压力上升速率和爆炸指数测试结果

煤样编号	$(dp/dt)_m$/(MPa/s)	K_{st}/(MPa·m/s)
8#	54.14	14.70

由表 2.14 和表 2.15 可知,某煤制油化工企业煤样的爆炸强度等级为 S_{t1} 级,爆炸特征为弱。

2.4.3 电气设备最高允许表面温度

我国于 1989 年组织开展了"粉尘危险性分级研究"的课题,主要针对一般工业粉尘进行了大量的研究和探索。此后,提出了对一般工业粉尘危险性分级的框架建议,为粉尘爆炸危险性的深入研究打下了基础。

《爆炸性环境 第 1 部分:设备 通用要求》(GB/T 3836.1—2021)及《爆炸危险环境电力装置设计规范》(GB 50058—2014)对不同粉尘环境下的电气设备最高表面温度进行了详细规定。

煤尘在爆炸性粉尘环境中属于ⅢC级(导电性粉尘),对应的爆炸性粉尘环境电气设备属于Ⅲ类电气设备。

Ⅲ类电气设备的最高允许表面温度的选择应按照相关的国家标准[《爆炸性环境》(GB/T 3836.2)]执行。在相应的标准中,Ⅲ类电气设备的最高允许表面温度是由相关粉尘的最低点燃温度减去安全裕度确定的。下面分粉尘层和粉尘云两种情况进行分析。

2.4.3.1 存在粉尘层情况下的极限温度

在进行粉尘层最低着火温度试验测试时,煤尘层厚度为 5 mm。按照现行国家标准《爆炸性环境 第 15 部分:电气装置的设计、造型和安装》(GB/T 3836.15—2017)中规定,对于 5 mm 的粉尘层厚度,设备最高表面温度不应超过粉尘层最低点燃温度减 75 ℃,如式(2.13)所示。

$$T_{\max} = T_{5\,\mathrm{mm}} - 75\ ℃ \tag{2.13}$$

式中，$T_{\max}$——电气设备最高表面温度；

$T_{5\,\mathrm{mm}}$——5 mm 厚度粉尘层的最低点燃温度。

根据煤尘爆炸特性试验的测试结果可知，某煤制油化工企业煤样的粉尘层最低着火温度为 280 ℃。根据式(2.13)可知，处于粉尘层环境中的电气设备，最高允许表面温度为 205 ℃。

2.4.3.2 存在粉尘云情况下的极限温度

设备的最高表面温度不应超过相关粉尘/空气混合物最低点燃温度的 2/3，如式(2.14)所示。

$$T_{\max} \leqslant 2/3\,T_{\mathrm{CL}} \tag{2.14}$$

式中，T_{CL}——粉尘云的最低点燃温度。

通过测试可知，某煤制油化工企业煤样的粉尘云最低着火温度均为 540 ℃。根据式(2.14)可知，处于粉尘云环境中的电气设备，最高允许表面温度为 360 ℃。

第3章 备煤系统工艺流程安全性评估

3.1 评估目的和依据

3.1.1 评估目的

以某煤制油化工企业为例,对其备煤系统煤粉制备及加压输送工艺流程、各工艺单元所用设备的危险性进行分析;对各个工艺单元分别进行评估,重点对煤粉泄漏、火灾、爆炸等危险进行评估;根据评估结果,对危险源进行等级划分,为有效防控备煤系统煤粉泄漏、火灾及爆炸事故提供理论依据。

3.1.2 评估依据

(1) 国家、地方有关法律、法规及文件
① 《中华人民共和国安全生产法》
② 《中华人民共和国消防法》
③ 《中华人民共和国职业病防治法》
④ 《中华人民共和国环境保护法》
⑤ 《危险化学品安全管理条例》
⑥ 《建设项目安全设施"三同时"监督管理办法》
⑦ 《关于进一步加强危险化学品安全生产工作的指导意见》
⑧ 《危险化学品目录》(2015版)
⑨ 《重点监管的危险化学品名录》(2013年完整版)
⑩ 《重点监管危险化工工艺目录》(2013年完整版)
(2) 相关技术标准
① 《石油化工企业设计防火标准》(GB 50160—2008)
② 《危险化学品重大危险源辨识》(GB 18218—2018)
③ 《爆炸危险环境电力装置设计规范》(GB 50058—2014)
④ 《火灾自动报警系统设计规范》(GB 50116—2013)

⑤《安全标志及其使用导则》(GB 2894—2008)
⑥《易燃易爆性商品储存养护技术条件》(GB 17914—2013)
⑦《泡沫灭火系统技术标准》(GB 50151—2021)
⑧《粉尘防爆安全规程》(GB 15577—2018)
⑨《粉尘爆炸危险场所用收尘器防爆导则》(GB/T 17919—2008)
⑩《煤粉生产防爆安全技术规范》(MT/T 714—1997)

3.2 备煤系统工艺流程分析

3.2.1 煤粉制备工艺流程

煤粉制备工艺流程如图 3.1 所示,分为两条路线,即煤的运行路线(图中实线箭头指示方向)和气的运行路线(图中虚线箭头指示方向)。

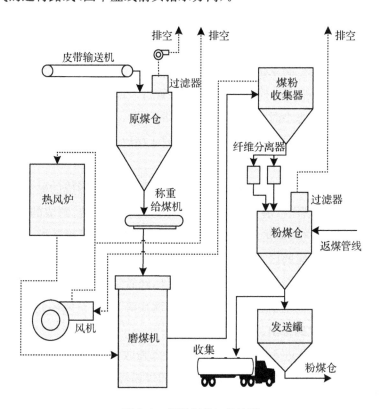

图 3.1 煤粉制备工艺流程

(1)煤的运行路线

① 来自煤储运系统的原煤经皮带输送机进入备煤系统,皮带输送机为一开一备设置(即一台设备正常运行,而另一台设备备用),单条皮带输送机的输送能力为 1 900 t/h。原

煤由皮带输送机上设置的犁式卸料器或从皮带输送机头部卸入原煤仓。

② 原煤仓布置在输送原料煤的皮带输送机的下方,每个原煤仓上安装有1台VEGA PULS SR68型超声波料位计,以控制原煤仓中的料位和原煤仓的进出料。原煤仓处于高料位时,停止进料;原煤仓处于低料位时,发出信号必须立刻进料。原煤仓下部设置有氮气分布环,正常生产时,通过氮气分布环,定时向原煤仓中通入氮气,除起到防止原煤仓中原料煤自燃的作用外,还起物料助流作用。

原煤仓上设置了过滤器,以收集从皮带输送机上卸下原料煤时扬起的煤粉,从而改善工作环境,原煤仓过滤器收集的煤粉应定时清除并卸入原煤仓中。原煤仓过滤器清袋采用0.7 MPa(G)(G代表表压)、常温工厂空气反吹,反吹气量和反吹时间由过滤器配套的电磁阀控制,其清袋时间由人工设定。原煤仓过滤器后方设置原煤仓过滤器风机,通过风管将过滤干净的气体排入大气中。

③ 原煤仓的出料量由称重给煤机控制,称重给煤机形式为带式给料机,其上设置了皮带秤以计量给煤量,并通过称重的煤量调整称重给煤机的速度,达到定量向磨煤机给煤的目的。称重给煤机返程胶带的下方设置了清扫链,以清扫胶带面上的煤粉。为减轻原煤仓中的原料煤对称重给煤机胶带面的压力,称重给煤机的进料溜管上配套设置了插板阀,开闭动作由其配套的控制系统控制。

④ 原煤流量由称重给煤机控制,原煤经落煤管进入磨煤机。磨煤机为中速辊式磨煤机,每台磨煤机正常生产每小时处理原料煤量为84.33 t。热惰性气体进入磨煤机的进口温度在240~330 ℃之间,压力为0.004 7~0.007 1 MPa;磨煤机出口的气体温度控制在105 ℃左右,压力约为-0.001 MPa。

原煤在磨盘旋转的离心力作用下,进入磨煤机磨辊和磨盘形成的碾磨区中,在压紧力的作用下受到挤压和碾磨而被磨成煤粉。由于碾磨部件的旋转,磨成的煤粉在离心力作用下被抛至风环处。来自热风炉的热惰性气体以一定速度通过风环进入干燥空间,对煤粉进行干燥,并将其带入碾磨区上部的旋转分离器中。经过分离,不合格的粗煤粉返回碾磨区重磨;合格的煤粉由热惰性气体带出碾磨区外,经管道送入煤粉收集器。在磨煤干燥的过程中,原料煤中夹带的杂物(如石块、木块、金属块等)被抛至风环处后,经风环由刮板刮落至杂物箱内,人工定期排出。

⑤ 含有煤粉的热气体进入煤粉收集器后,经煤粉收集器中的滤袋过滤的热气体,由出风口经管道排到循环风机,吸附在滤袋外表面的煤粉经氮气反吹脱落,下落到煤粉收集器下部的料斗内短时间贮存。料斗内的煤粉由出料口处旋转给料阀排至螺旋输送机中,螺旋输送机再将煤粉输送至纤维分离器筛分,分离出煤粉中的杂质后,合格煤粉流入下游的输送工序的粉煤仓,分离出来的杂物由人工定期排出。煤粉收集器是一种高效的、带有长滤袋的袋式除尘器,其操作温度约为105 ℃,操作压力为-3.6 kPa(G)。

煤粉收集器采用过滤方式收集煤粉,其内部滤袋布置成若干排,每排有一组脉冲阀和喷吹管,喷吹管上的喷嘴对准滤袋中心。清煤粉时脉冲阀瞬间将压缩气体释放出来,通过喷吹管送入滤袋内,煤粉便从滤袋表面脱落。煤粉收集器采用在线清灰的方式清出煤粉。煤粉收集器设置有可调启动压力并能自动复原的泄爆门和完善的自控系统,在煤粉收集器进出口设置了温度监控仪表,在料斗上设置了温度和料位监控仪表,当出现超温和高料位时系统会及时报警;并且在煤粉收集器运行期间,可对卸煤粉设备自动监控及事故报警。

⑥ 煤粉收集器对煤粉和气体进行分离后,煤粉进入纤维分离器。纤维分离器去除煤粉中的塑料、纤维等杂质后,煤粉进入粉煤仓临时储存。

⑦ 来自粉煤仓的煤粉经由插板阀、煤粉落料管、进料圆顶阀进入发送罐,两个发送罐出口合并为一条气流输送线。粉煤仓底部出口处配置流化装置,以保证物料被可靠地送入发送罐。发送罐达到重量设定值或料位报警时,关闭相应发送罐上的进料阀和排气阀,停止进料。待进料阀和排气阀关闭到位后,程序自动打开气刀阀,延时一段时间打开充气阀,对发送罐进行充压。随着充压压力升高到设定值,系统自动开始发送操作。

(2) 气的运行路线

① 热风炉内的循环气体及燃烧产生的尾气混合后形成热惰性气体,进入磨煤机,对煤粉进行干燥及输送。

② 煤粉分离后的热气体通过管道送到循环风机后,经循环风机加压,大部分循环至热风炉中,部分排入大气,排入大气中的热气体初始量根据煤的湿含量进行平衡调节;生产的过程中再根据磨煤机出口处的压力变化,调节排入大气中的热气体量。

3.2.2 煤粉加压输送工艺流程

煤粉加压输送工艺流程如图3.2所示,也分为两条路线,即煤的运行路线(图中实线箭头指示方向)和气的运行路线(图中虚线箭头指示方向)。

(1) 煤的运行路线

① 来自备煤系统的煤粉经发送罐进入粉煤仓,来自相应的煤粉进料系统高压段返煤管线及减压过滤器过滤后的煤粉也排入该粉煤仓。粉煤仓顶部设置了3根煤粉管线的减压装置,以保证开车期间煤粉循环减压至粉煤仓。同时粉煤仓中的输送气通过袋式过滤器除尘后(含尘量小于50 mg/Nm^3)排放至大气。持续地利用氮气使粉煤仓维持惰性,并将氮气加热防止煤粉冷却结露。每个粉煤仓出口均配备了松动元件,同时通过松动元件利用氮气供应改进粉煤仓出口卸料期间煤粉的流动性,在粉煤仓排放气管线上设置取样点,以便检查粉煤仓过滤器内气体的惰性,同时在粉煤仓进口附近的顶板和出口均设置了温度测量设备。

② 粉煤仓为常压条件下的锁斗装入用于气化的煤粉。首先打开粉煤仓和锁斗之间煤粉管线进料阀,开始从粉煤仓输送煤粉。当锁斗料位满时,关闭进料阀,中断煤粉

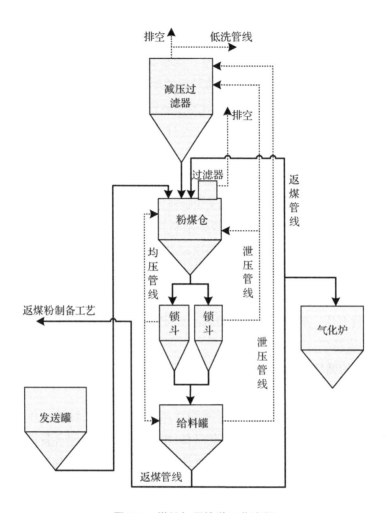

图 3.2 煤粉加压输送工艺流程

进料。利用高压 CO_2 提供的加压气体将锁斗加压至运行压力。加压气体的 2/3 必须从锁斗底部通过通气锥送入锁斗,防止煤粉在加压过程中结块,小部分从顶部送入加压。首先给定气体流量设定值,启动下部加压气体开始锁斗加压,然后转接至上部气体流量控制器。在锁斗升压期间,根据规定的算法提高两台气体流量控制器的设定值,保持顶部与底部进气量比值不变,当压力升至设定值时,锁斗做好将煤粉送入给料容器的准备。

③ 打开锁斗下部的煤粉下料阀,将煤粉排入给料罐。利用给料罐中料位测量设备,保证将一台锁斗的煤粉完全送入给料罐。锁斗的料位下限指示结束锁斗卸料,关闭煤粉下料阀。将给料罐升压至 5.2 MPa;打开给料罐下部阀门,煤粉通过煤粉管线进入气化炉。

(2) 气的运行路线

① 锁斗煤粉进入给料罐后,打开阀门,气体泄压到减压过滤器,剩余的气体再次泄压

至减压过滤器。

② 过滤后的气体进入低温甲醇洗工艺流程。另外,粉煤仓、锁斗、给料罐间连接有均压管线,以平衡三者的压力。粉煤仓、给料罐都设有过滤器,多余的气体进行排空处理。

3.3 备煤系统危险源辨识

3.3.1 煤制油项目涉及危险有害因素

来自上游煤储运装置的原煤,通过皮带输送机进入原煤仓,然后进入磨煤机;利用热风炉产生的热气和循环热惰性气体,在磨煤机内对煤粉进行研磨和干燥;煤粉和气体混合物经煤粉收集器分离后,煤粉被送至气化装置,大部分热惰性气体返回磨煤机。

该企业在生产过程中,所用的原料、中间产物等多为易燃易爆物质,主要包括煤(尘)、氢气(H_2)、一氧化碳(CO)、氮气(N_2)、甲烷(CH_4)、乙烷(C_2H_6)、硫化氢(H_2S)等,以上化学品除煤外,其他六种物质均属于《危险化学品目录》(2015版)中规定的化学品。

3.3.2 单元划分

通过总结分析,发现可能造成严重后果的事故,主要是煤粉泄漏引发的。例如,煤粉泄漏后,如发现不及时,积聚的煤粉可能发生自燃,引起火灾事故;如果泄漏的煤粉在空气中形成煤尘云,遇到点火源,那么可能发生爆炸事故,产生更大的破坏。而且,对于煤粉泄漏这一危险,目前现场缺乏有效的监测监控及应急处置措施。其他六种危险化学品,主要作为原料气或惰性介质参与反应,应用中都有相应的监控措施,如通过仪表监测压力、流量等,所以产生的危害相对于煤尘来说较小。所以,将煤粉作为重大危险源,将其他六种危险化学品作为一般危险源。

以此为依据,对煤粉制备和加压输送工艺进行单元划分。重点考虑存在煤粉泄漏的工艺、设备,并根据划分的单元开展危险性分析工作。单元划分结果如下所示:

(1) 根据工艺流程、设备所属的区域以及设备存在的危险性,煤粉制备工艺可划分为八个单元,分别是皮带输送机、原煤仓、称重给煤机、磨煤机、煤粉收集器、纤维分离器和过滤器、粉煤仓、发送罐。

(2) 根据工艺流程、设备所属的区域以及设备存在的危险性,煤粉加压输送工艺可分为三个单元:粉煤仓、减压过滤器、给料罐。

3.3.3 各单元分析

根据单元划分结果,对各个单元分别进行分析,重点分析重大危险源可能存在的位置和区域,以及可能产生的危害后果。

3.3.3.1 煤粉制备工艺

（1）皮带输送机

皮带输送机在备煤系统所处厂房的第六层,第六层区域安装了窗户,空间相对封闭,如图 3.3 所示。为保障安全,皮带输送机上设置了声光报警器、撕裂传感器、打滑传感器、跑偏传感器、急停开关、喷淋装置、感温光纤等。

皮带输送机是原煤进入备煤系统的第一道工序,原煤经栈桥落煤管落在皮带输送机上,经皮带输送机输送到各个备煤系统的原煤仓顶部,通过犁式卸料器落入原煤仓进行临时存储。

图 3.3　皮带输送机

① 原煤在经过皮带输送机运输时,落煤、震动等会产生一定的煤尘,每套备煤系统配有 2 套 4 组水雾喷淋系统,如图 3.4 所示,每组有 6 个喷头,两组间距为 2 m。现有的水雾喷淋系统能够较好地处理皮带输送机输送中的扬尘问题,但是在犁式卸料器附近没有喷头,如图 3.5 所示,卸料过程中可能会产生大量煤尘。

图 3.4　水雾喷淋系统

图 3.5　犁式卸料器附近未安设喷头

② 皮带上设置了温度监测装置,即感温光纤,如图 3.6 所示,还设置了防跑偏设备,如图 3.7 所示,在输煤过程中皮带与滚筒等摩擦会产生温度变化,随时间的持续温度可能积聚并升高。若温度监测等装置运行过程中出现问题,则洒落在滚筒上的煤粉有发生自燃的风险。

图 3.6　感温光纤

图 3.7　防跑偏开关(连锁)

(2) 原煤仓

原煤仓(图 3.8)是临时存储原煤的容器。原煤通过皮带输送机落入原煤仓进行临时存储,由下方的称重给煤机称重后运送到磨煤机进行研磨、干燥。原煤仓上部及下部通过充入惰性气体进行保护(图 3.9),原煤仓顶部和锥部安装有料位计(图 3.10),原煤仓中部设有称重传感器(图 3.11)。

图 3.8　原煤仓

图 3.9　原煤仓下部氮气分布环

图 3.10　原煤仓上部人孔和料位计

图 3.11　原煤仓中部称重传感器

① 落煤过程中产生的煤尘通过过滤器(图3.12)收集,气体则进行排空(图3.13)。在此过程中,若过滤器布袋损坏,则会有大量煤尘随气体一起通过风机,然后排空。若存在风机失爆、排空管遇雷击、摩擦静电等问题,有可能点燃煤尘,导致燃烧、爆炸事故的发生。

图3.12 原煤仓过滤器(1)　　　　图3.13 原煤仓过滤器的排空管

② 为了减轻原煤仓中的原料煤对称重给煤机胶带面的压力,原煤仓下锥部至称重给煤机的进料溜管上部设置了插板阀,如图3.14所示。插板阀的连接法兰在落煤过程中易与煤块等发生摩擦,一段时间后可能出现磨损,产生泄漏点,发生煤粉泄漏。

图3.14 原煤仓下锥部的插板阀　　　　图3.15 原煤仓溜槽

③ 原煤仓过滤器上设置了泄爆片(图3.12),在氮气保护系统充入氮气压力过大、排空不畅通的情况下,泄爆片可能会开启,引起煤尘的泄漏,伴随压力泄漏的煤粉在空气中形成煤尘云,容易导致燃烧或爆炸事故的发生。

④ 原煤仓下锥部注氮(冷氮)管道(图3.9)与原煤仓采用法兰连接,连接处经过长时间运行可能发生磨损,从而出现泄漏点,煤粉会随着氮气喷射出来。一方面,巡检人员如果处理不当,吸入氮气,那么会胸闷气短及疲软无力;如果吸入过量氮气,那么可能昏迷甚至心跳停止。另一方面,泄漏的煤粉在空气中形成煤尘云,遇到点火源可能发生燃烧、爆

炸危险。

⑤ 原煤仓顶部的溜槽为 V 形结构,如图 3.15 所示,煤块从高处落下,与管壁发生摩擦;特别是下部 V 形与上面的竖管连接处,由于出现了拐弯,更容易磨损。磨损处可能会发生煤粉的泄漏,由于原煤仓溜槽中间区域较为隐蔽,泄漏的煤粉不易被发现,可能会发生自燃。

⑥ 溜槽和原煤仓连接处采用软连接,如图 3.16 所示,软连接的主要材质为橡胶。一方面,湿度、温度等外部因素的综合作用,可引起橡胶物理化学性质和机械性能的逐步变坏,导致橡胶产生龟裂、变硬或变软,即发生老化;另一方面,落煤的尖锐部位会长期切割、摩擦软连接,导致橡胶表面接触点被切割、扯断成细小的颗粒从橡胶表面脱落下来,形成磨损。这两种情况都可能使软连接及其法兰连接处出现泄漏点,有煤粉泄漏的危险。

图 3.16　原煤仓和溜槽间的软连接

图 3.17　原煤仓顶部的压差变送器

⑦ 原煤仓顶部安装了压差变送器,如图 3.17 所示,其作用是监测原煤仓过滤器布袋是否出现故障。但该压差变送器属于自带设备,在分散控制系统(DCS)上没有显示,且现场也无法读出压差变送器的数值。因此,该压差变送器没有实际作用。

⑧ 原煤仓顶部没有安装 CO 浓度传感器和 O_2 浓度传感器。当设备检修时,惰气系统停止运行,原煤仓内残留的煤粉可能会因为设备打开、氧气的进入而发生自燃。而且原煤仓内部氧浓度过低时,检修人员贸然进入可能会发生缺氧等危险。

(3) 称重给煤机

称重给煤机处于原煤仓和磨煤机中间,如图 3.18 所示。

称重给煤机由于充入氮气保护,发生燃烧、爆炸的危险性较小。若氮气保护系统出现故障,导致称重给煤机内部氧气浓度超标,或者称重给煤机内皮带和轴承长时间摩擦过热,则存在煤炭自燃的可能。

图 3.18 称重给煤机

(4) 磨煤机

磨煤机是将原煤磨成煤粉的装置,如图 3.19 所示。将称重给煤机中的原煤放入磨煤机进行研磨,利用热风炉产生的热气和循环气混合后形成的热惰性气体对磨煤机中的煤粉进行干燥,通过旋转分离器筛选,合格的煤粉进入煤粉收集器。

图 3.19 磨煤机

图 3.20 热风炉进磨煤机的入口管路

① 磨煤机中,煤尘爆炸三要素中的点火源与粉尘云不易控制,本工艺采用高温热惰性气体输送干燥过后的煤粉、挥发分气体及水蒸气,并使磨煤机中的氧气含量控制在爆炸极限浓度范围内。若热惰性气体循环系统出现故障,氧气浓度达到极限氧含量,则极易发生煤粉的燃烧及爆炸事故。

② 磨煤机的入口温度为 240~330 ℃,虽然外围包裹保温层(图 3.20),但保温层外部表面温度仍较高。通过温度测试,发现表面温度持续变化,三次温度测试值为 35 ℃、56 ℃和 41 ℃,人孔处最高可达 96 ℃,有灼伤危险。

磨煤机入口管路形成的平台面积约 6 m²,如果发生煤粉泄漏,那么泄漏的煤粉可能在入口管路平台上堆积。通过温度测试,发现平台表面温度持续变化,三次测试值分别为 55 ℃、73 ℃和 81 ℃,靠近磨煤机的部位最高可达 91.7 ℃。平台区域较为隐蔽,在正常巡检时不易发现堆积的煤粉,如果不及时清理,煤粉容易发生自燃。并且,在清理时,还要注意管壁的高温灼伤。

③ 磨煤机底座无保温层,如图 3.21 所示,底座内部空间较为封闭,内部地面温度最高可达 60 ℃。

由于磨煤机拉杆(图 3.22)附近环境恶劣,与拉杆接触的密封部位的粉尘、细煤粉粒浓度较大,细煤颗粒容易形成高速涡流,冲刷拉杆所在的密封部位,拉杆在运行时存在较大的剪切应力及震动现象,因此拉杆局部位置极易出现磨损。另外,为了节约成本,对拉杆多采取补焊修复措施,补焊区域存在的焊接缺陷和较大的应力可能会使拉杆出现断裂。拉杆处磨损后易泄漏煤粉,拉杆与底座间有直径约 5 cm 的开孔,如图 3.23 所示,煤粉可通过开孔直接泄漏到底座内部,或者从底座侧面的敞开处飘落进去。由于光线等原因,底座内部的煤粉不易被发现,如果清理不及时,积聚的煤粉可能会自燃。并且,底座内外露的线缆(图 3.24),可能会被烧毁,对仪器仪表、电机等设备造成危害。

图 3.21　磨煤机底座

图 3.22　磨煤机拉杆

图 3.23　磨煤机拉杆与底座的连接处

图 3.24　磨煤机底座内部外露的线缆

④ 磨煤机的落煤管(图 3.25)、磨煤机本体(图 3.26)、出口管路等处是煤块、煤粉与壁面接触较多的几个部位。由于摩擦、碰撞、震动等原因,壁面极易产生磨损,有煤粉泄漏的危险。由于磨煤机的尺寸很大,很多部位都可能积聚煤粉而不易被发现,若泄漏的煤尘量过大,则容易发生自燃和爆炸事故。附近的摄像头距离落煤管所在区域太远,无法清晰

观察可能出现的泄漏情况。

图 3.25　磨煤机顶部的落煤管

图 3.26　磨煤机本体

（5）煤粉收集器

煤粉收集器（图 3.27）的主要功能是对磨煤机磨好的煤粉进行收集，同时分离惰性气体，并将其重新返回到热风炉。运行时，煤粉收集器入口压力为 －4.6 kPa，出口压力为 －7.4 kPa。煤粉通过煤粉收集器下部旋转给料阀及螺旋输送机进入下层的纤维分离器。煤粉收集器内部有细微颗粒的煤粉存在，因此本身就是一个危险源，如果内部发生爆炸，那么爆炸冲击波会沿着入口和出口到达循环风机和磨煤机，造成更大的破坏。

图 3.27　煤粉收集器

① 煤粉收集器中的滤袋如果破损或出现其他故障，那么煤粉会和气体一起进入循环风机（图 3.28）。正常运行时风机轴承由气体密封，煤粉不会与轴承接触。但当出现间歇性断电（晃电）时，煤粉可能进入风机轴承，伴随设备的运转使轴承出现磨损，对设备产生危害。

图 3.28 循环风机

图 3.29 旋转给料阀和螺旋输送机间的软连接

② 旋转给料阀和螺旋输送机之间有约 20 cm 长的软连接,如图 3.29 所示,材质为橡胶。由于这里运输的煤都是磨好的粉末状,在短时间内对橡胶的磨损不是很明显,但长时间还是会有影响。另外,软连接内部运输高温气体及煤粉,外表面温度约为 55 ℃,因此在温度、湿度等外部因素的综合作用下,可引起橡胶物理化学性质和机械性能的逐步变坏,导致橡胶产生龟裂、变硬或变软,即发生老化,可能会产生泄漏点。这些情况都可能导致煤粉泄漏。

现场在每个软连接的一侧设置了 1 个水喷淋喷头,如图 3.30 所示,用于发生煤粉泄漏后的喷淋降尘。一方面,喷头的运行虽然是自动控制,但从发现问题到喷出水雾有较长的时间间隔,不利于第一时间进行处置;另一方面,另外一侧没有安设喷头,如果该侧软连接出现泄漏点,那么由于旋转给料阀的阻挡,喷淋水的降尘作用被弱化。

图 3.30 每个软连接设置了 1 个水喷淋喷头

③ 旋转给料阀上部设有一个插板阀,如图 3.31 所示,受震动、摩擦等的影响,插板阀

的法兰连接处可能存在煤粉泄漏危险。

图 3.31　旋转给料阀上部的插板阀

图 3.32　六层为密闭空间

④ 煤粉收集器的下锥部所在的六层为密闭空间，墙壁上安装了窗户进行封闭，如图 3.32 所示。上面提到的软连接就是一处潜在的泄漏点，一旦出现煤粉泄漏，可能会形成煤尘云并达到爆炸下限浓度，若遇到点火源则会有爆炸危险。而且，在密闭空间内一旦发生爆炸，由于爆炸能量不能得到及时释放，其产生的爆炸压力及破坏力要远远大于敞开空间的爆炸威力，对设备设施及人员会造成更大的伤害。

⑤ 煤粉收集器的下锥部设有人孔，如图 3.33 所示，在设备检修过程中，会先将煤粉收集器内部的煤粉清空，再打开人孔。虽然煤粉收集器上安装了料位计，但料位计难以判断下锥部空间内的煤粉位置，若煤粉收集器内的煤粉没有排除干净，打开人孔时，会有大量煤粉泄漏出来。煤粉泄漏之后若处置不当或不及时，则容易发生火灾或爆炸事故。

另外，若人孔密封不好，则泄漏的煤粉容易在平台上堆积，需要巡检人员每次都到平台上进行检查。

图 3.33　煤粉收集器下锥部的人孔

图 3.34　煤粉收集器防爆板

⑥ 若出口风机发生故障，煤粉收集器内部可能出现超压。如果超压达到了防爆板（图 3.34）的开启压力，那么防爆板打开，煤粉会从防爆板的开口处泄漏。另外，通过现场

观测,发现防爆板与建筑物及煤粉收集器的间距非常小(约为1 m),且防爆板出口与壁面近似平行,随超压冲出的煤粉会迅速与壁面碰撞,极易产生煤尘云,遇到点火源有燃烧、爆炸的危险。

⑦ 螺旋输送机转轴(图3.35)与软连接距离太近(约为0.5 m),转轴正常运行时的表面温度约为56 ℃,且转轴外部无防护措施。如果软连接处出现泄漏点,那么泄漏的煤粉可能会积聚在转轴附近,转轴的震动及产生的高温会加速煤粉的燃烧过程。

图3.35 螺旋输送机转轴

图3.36 排空管

⑧ 煤粉收集器的滤袋在长期收集煤粉的过程中,容易脱落或破损,可能会造成煤粉的泄漏。泄漏的煤粉会随着惰性气体进入排空管(图3.36),排空管的端头与空气接触,且设置了遮雨棚,形成了半敞开空间。若在端头区域煤尘浓度达到爆炸下限浓度,则遇雷击、摩擦静电等点火源,有发生煤尘爆炸的可能。如果排空管内的煤粉浓度较高,那么爆炸火焰可能会沿着排空管返回,对设备设施造成损害。

⑨ 煤粉收集器顶部没有安装CO浓度传感器和O_2浓度传感器。当设备检修时,惰气系统停止运行,煤粉收集器内残留的煤粉可能会因为设备打开、氧气的进入而发生自燃。煤粉收集器内部氧浓度过低时,检修人员贸然进入可能会发生缺氧等危险。

(6) 纤维分离器和过滤器

纤维分离器的功能是在煤粉进入粉煤仓之前分离出煤粉中的杂质;过滤器的功能是在粉煤仓内压力过大时,排出多余的气体,并对煤粉进行收集。纤维分离器和过滤器如图3.37和图3.38所示。

① 纤维分离器和煤粉收集器连接的管道存在软连接,如图3.39所示,材质为橡胶。由于这里运输的煤都是磨好的粉末状,在短时间内对橡胶的磨损不是很明显,但长时间还是会有影响。另外,软连接内部运输高温气体及煤粉,外表面温度约为46.5 ℃,因此在温度、湿度等因素的综合作用下,可引起橡胶物理化学性质和机械性能的逐步变坏,导致橡胶产生龟裂、变硬或变软,即发生老化,可能会产生泄漏点。这些情况都可能导致煤粉泄漏。

图 3.37　纤维分离器(1)　　　　　　　图 3.38　过滤器

图 3.39　纤维分离器和煤粉收集器间的软连接　　　图 3.40　每个软连接设置了 2 个水喷淋喷头

现场在每个软连接处设置了 2 个水喷淋喷头,如图 3.40 所示,用于发生煤粉泄漏后的喷淋降尘。喷头的运行虽然是自动控制,但从发现问题到喷出水雾有较长时间间隔,不利于第一时间进行处置。

② 纤维分离器下部和粉煤仓连接的管道上部设置了插板阀,如图 3.41 所示,受震动、摩擦等影响,插板阀的法兰连接处可能存在煤粉泄漏危险。

图 3.41　纤维分离器和粉煤仓间的插板阀

③ 天气寒冷时,过滤器排空管(图3.42)内的气体易液化,与气体中混有的少量煤粉混合,形成煤浆,可能会堵塞部分排空管口。此时气体排出不畅,管路内容易发生"憋压"现象。此时,过滤器内部可能会产生超压,达到过滤器上安设的泄爆片(图3.43)的开启压力,泄爆片打开,发生煤粉泄漏。

若过滤器布袋破损,煤粉从排空管排出,可能会形成粉尘云,遇点火源有爆炸危险。

图3.42 过滤器排空管(1)

图3.43 过滤器上的泄爆片

④ 纤维分离器和煤粉收集器间的软连接和摆线针轮减速机(外表温度约为36 ℃)距离太近,约为20 cm,如图3.44所示。摆线针轮减速机底部的转轴敞开,煤粉泄漏后可能会进入转轴区域,底部温度约为40 ℃,易加速煤粉自燃。

(7) 粉煤仓

粉煤仓是用来将煤粉进行临时存储的容器,外形尺寸为6 000 mm×18 500 mm,全容积为343.6 m³,上部连接纤维分离器和过滤器,下部连接发送罐,如图3.45所示。

图3.44 软连接与摆线针轮减速机

图3.45 粉煤仓(1)

① 粉煤仓顶部安有 3 个 DN800 防爆板,如图 3.46 所示,当出现误操作时,可能因为超压防爆板打开,煤粉会通过防爆板的出口泄漏出来。而且防爆板距离楼层顶部太近,如图 3.47 所示,距离约为 2.5 m,泄爆后直接冲击在顶板上,容易在局部区域形成粉尘云,且煤粉浓度可能会达到爆炸下限浓度,如遇火焰,则可能发生煤粉爆炸事故。

图 3.46　粉煤仓顶部的防爆板

图 3.47　粉煤仓顶部情况

② 粉煤仓下锥部设置了注氮(热氮)管道,如图 3.48 所示,管道通过法兰与粉煤仓连接。管道的法兰处随着高压气体长时间的摩擦可能会出现磨损,产生泄漏点。粉煤仓内的煤粉会随着高压气体喷射出来,形成煤尘云,如遇点火源可能有燃烧、爆炸的危险。

图 3.48　粉煤仓下锥部的注氮管道

③ 粉煤仓顶部有两个进料口，进料管路上部连接纤维分离器，粉煤仓进料口与进料管路连接处为软连接，如图3.49所示。软连接在长时间运行中与煤粉接触会发生磨损、撕裂等。软连接在长期与煤粉的摩擦以及设备震动过程中，容易疲劳受损，出现破裂，造成煤粉泄漏。

图3.49　粉煤仓顶部的软连接

图3.50　粉煤仓下锥部的软连接

④ 粉煤仓下锥部有软连接，如图3.50所示，材质为橡胶。由于这里运输的煤都是磨好的粉末状，在短时间内对橡胶的磨损不是很明显，但是长时间还是会有影响。另外，软连接内部运输高温气体及煤粉，外表面温度约为35℃，因此在温度、湿度等因素的综合作用下，可引起橡胶物理化学性质和机械性能的逐步变坏，导致橡胶产生龟裂、变硬或变软，即发生老化，可能会产生泄漏点。这些情况都可能导致煤粉泄漏。并且，由于此处没有布置水喷淋设施，出现泄漏后的应急处置就尤为重要，否则泄漏的煤粉可能发生自燃。

⑤ 软连接上部设有一个插板阀，如图3.51所示，由于震动、摩擦等原因，插板阀的法兰可能发生煤粉泄漏。

图3.51　软连接上部的插板阀

图3.52　均压管路的法兰连接

⑥ 粉煤仓的均压管路（图3.52）一端与粉煤仓连接，另一端与发送罐连接。均压管路内的高压气体与法兰产生摩擦，时间过长法兰连接处可能会出现磨损，产生泄漏点。

⑦ 返料管(图3.53)是煤粉从气化装置返回粉煤仓的管道。当气化装置检修时,剩余的煤粉会通过返料管返回到粉煤仓储存。返料管的局部采用软连接,材质是橡胶。橡胶可能会发生老化,产生龟裂;同时,返料管内的高压气体携带煤粉与软连接产生摩擦,也可能使软连接及法兰出现磨损。泄漏的煤粉喷射出来可能形成煤尘云,遇到点火源有燃烧、爆炸的危险。

图3.53 返料管　　　　　图3.54 粉煤仓顶部的压差变送器

⑧ 粉煤仓顶部的压差变送器

粉煤仓顶部安装了压差变送器,如图3.54所示,其作用是监测粉煤仓过滤器布袋是否出现故障。但该压差变送器属于自带设备,在DCS上没有显示,且现场也无法读出压差变送器的数值。因此,该压差变送器没有实际作用。

⑨ 粉煤仓顶部没有安装CO浓度传感器和O_2浓度传感器。当设备检修时,惰气系统停止运行,粉煤仓内残留的煤粉可能会因为设备打开、氧气的进入而发生自燃。而且粉煤仓内部氧浓度过低时,检修人员贸然进入可能会发生缺氧等危险。

(8) 发送罐

发送罐是将备煤系统制备的煤粉发送到气化工序的设备。发送罐与上部粉煤仓之间除落煤管路之外,还有一个压力平衡管路,使得发送罐与粉煤仓压力均衡,以便煤粉能顺利到达发送罐。煤粉进入发送罐后,关闭上部插板阀,并将发送罐加压至约0.4 MPa,将煤粉发送到下一气化工序的粉煤仓;发送完成后,再用约0.7 MPa的氮气对管道内残余的煤粉进行吹扫。发送罐如图3.55所示。

图3.55 发送罐

① 发送罐顶部与粉煤仓连接的管道上存在软连接,如图 3.56 所示,材质为橡胶。煤粉的摩擦以及发送罐内的高压都会对软连接产生影响。另外,湿度、温度等外部因素的综合作用,可引起橡胶物理化学性质和机械性能的逐步变坏,导致橡胶产生龟裂、变硬或变软,即发生老化。这两方面的情况都会导致软连接处出现泄漏点。

图 3.56　发送罐顶部的软连接

② 发送罐将煤粉向气化装置发送的管道采用法兰连接(图 3.57),且存在转弯变坡等情况。发送管道内的压力很大,初次发送压力为 0.4 MPa,吹扫压力可达 0.7 MPa。高压气体,且伴随煤粉,会使管道尤其是法兰连接处产生磨损,极易出现泄漏点。泄漏的煤粉伴随高压气体喷射出来,在空气中会形成煤尘云,如果达到爆炸下限浓度,那么遇到点火源,有发生燃烧、爆炸的危险。

图 3.57　发送管道的法兰连接

通过对备煤系统煤粉制备工艺八个单元分别进行分析,辨识了各单元不同部位或区域可能存在的危险源。通过分析可知,重大危险源(煤粉)可能产生的危险为泄漏、燃烧和爆炸,其他危险源可能产生的危险为窒息、灼伤、高空坠物等。以重大危险源辨识为主的煤粉制备工艺危险源辨识结果如表 3.1 所示。

表 3.1　煤粉制备工艺危险源辨识结果

单元	存在危险源的部位或区域	可能存在的危险	建议
皮带输送机	犁式卸料器	无水雾喷淋系统,可能会产生煤尘云,有爆炸危险	安装水雾喷头和粉尘浓度传感器
	端头滚筒附近	有大量积尘,且不易清扫,有自燃危险	及时清扫
	皮带下方区域	皮带运行中可能撒落煤粉,滚筒与皮带摩擦产生的高温可能会引燃煤尘,有燃烧危险	及时清扫

(续表)

单元	存在危险源的部位或区域	可能存在的危险	建议
原煤仓	过滤器	布袋破损,大量煤尘从排空管排出,遇点火源有爆炸危险;因故障泄爆片可能打开,有煤尘泄漏危险	安装粉尘浓度传感器和自动抑爆装置;进行泄爆核算,并定期检查
	下锥部插板阀	插板阀法兰可能磨损,有煤粉泄漏危险	定期检查
	下锥部注氮管道	管道连接处易磨损,氮气可能发生泄漏,有窒息危险;煤粉可能会随氮气喷射出来,遇到点火源可能有爆炸危险	定期检查
	V形溜槽	转弯处易磨损,有煤粉泄漏危险;溜槽中间区域较为隐蔽,泄漏的煤粉有自燃危险	定期检查
	原煤仓和溜槽间的软连接	软连接可能磨损,有煤粉泄漏危险	定期检查
称重给煤机	氮气保护系统	若氮气保护系统发生故障,则称重给煤机内部煤粉有自燃危险	定期检查
磨煤机	入口管路平台	平台表面温度较高,接近磨煤机的区域最高可达91.7℃;泄漏的煤粉在平台堆积,不易发现,有燃烧危险	定期检查
	拉杆	受摩擦等影响,拉杆可能发生磨损甚至断裂,有煤粉泄漏危险	定期检查
	底座	拉杆处泄漏的煤粉可能进入底座内部,底座内部地面温度最高可达60℃,且底座较为隐蔽,有燃烧危险	定期检查
	落煤管、磨煤机本体及出口管路	较易磨损,有煤粉泄漏危险	定期检查,安设视频监控设备

（续表）

单元	存在危险源的部位或区域	可能存在的危险	建议
煤粉收集器	旋转给料阀下部的软连接	软连接易老化、磨损,有煤粉泄漏危险	安装粉尘浓度传感器进行监测;增加喷头数量
	旋转给料阀上部的插板阀	插板阀法兰易磨损,有煤粉泄漏危险	定期检查
	下锥部所在六层区域	有窗户封闭,形成密闭空间,一旦发生泄漏,遇点火源可能有爆炸危险	安装粉尘浓度传感器和自动抑爆装置
	下锥部人孔	检修时,由于料位计无法准确判断煤粉位置,可能有煤粉泄漏危险	采取其他形式的料位监测技术,并定期检查
	上部的防爆板	因故障防爆板可能打开,有煤粉泄漏危险;防爆板端口与墙壁及煤粉收集器距离太近,可能会形成高浓度煤尘云,遇点火源有爆炸危险	进行泄爆核算,并定期检查
	螺旋输送机转轴	螺旋输送机转轴表面温度约为56 ℃,且无防护措施,泄漏的煤粉可能会落在转轴附近,有燃烧危险	补充防护措施
	排空管	若滤袋破损,则煤粉可能会随排空管排出,形成煤尘云,遇点火源有爆炸危险	安装自动抑爆装置
	出口和入口	若煤粉收集器内部发生爆炸,爆炸冲击波和火焰会沿出口和入口传播到循环风机和磨煤机,造成二次爆炸	在出口和入口安装自动抑爆装置
纤维分离器和过滤器	纤维分离器上部的软连接	软连接易老化、磨损,有煤粉泄漏危险	安装粉尘浓度传感器进行监测
	纤维分离器下部的插板阀	插板阀法兰易磨损,有煤粉泄漏危险	定期检查
	过滤器泄爆片	天气寒冷时,煤粉易堵塞排空管口,可能发生憋压,泄爆片可能打开,有煤粉泄漏危险	进行泄爆核算,定期检查
	过滤器排空管	若布袋破损,煤粉可能会随排空管排出,形成煤尘云,遇点火源有爆炸危险	安装自动抑爆装置
	摆线针轮减速机	摆线针轮减速机底部转轴敞开,且底部温度约为40 ℃,泄漏的煤粉在底部堆积,有燃烧危险	对底部采取防护措施,并定期检查

(续表)

单元	存在危险源的部位或区域	可能存在的危险	建议
粉煤仓	顶部的防爆板	遇故障防爆板可能打开,有煤粉泄漏危险	进行泄爆核算,并定期检查
	下锥部注氮管道	管道连接处易磨损,氮气可能发生泄漏,有窒息危险;煤粉可能会随氮气喷射出来,遇到点火源可能有爆炸危险	定期检查
	顶部软连接	软连接易老化、磨损,有煤粉泄漏危险	安装粉尘浓度传感器进行监测
	下锥部软连接	软连接易老化、磨损,有煤粉泄漏危险	安装粉尘浓度传感器进行监测
	插板阀	插板阀法兰易磨损,有煤粉泄漏危险	定期检查
	均压管路	高压环境下,管路法兰易磨损,有煤粉泄漏危险	定期检查
	返料管	返料管法兰易磨损,有煤粉泄漏危险	定期检查
发送罐	顶部软连接	软连接易老化、磨损,有煤粉泄漏危险	安装粉尘浓度传感器进行监测
	发送管道	高压情况下,法兰易磨损,有煤粉泄漏危险	定期检查

3.3.3.2 煤粉加压输送工艺

(1) 粉煤仓

从备煤系统发送罐发过来的煤粉,在粉煤仓经过临时存储,然后到下部的锁斗。此粉煤仓与备煤系统粉煤仓功能相似,设备规格为 5 200 mm×10 400 mm,高度为 17 000 mm,运行时仓内温度为 80 ℃。在粉煤仓上部同样安设了过滤器,用来在煤粉发送过来时及泄压时对扬起的煤粉进行收集,并对多余的气体进行排空。粉煤仓及其过滤器分别如图 3.58 和图 3.59 所示。

图 3.58 粉煤仓(2)

图 3.59 粉煤仓过滤器

① 粉煤仓过滤器上安设了泄爆片,如图3.60所示。在粉煤仓过滤器压力过大时或排空管出现阻塞时,泄爆片因压力大于泄爆压力而开启,从而泄压。在此过程中会有大量煤粉泄漏出来,在一定条件下,容易发生燃烧和爆炸事故。

图3.60　粉煤仓过滤器上的泄爆片

图3.61　过滤器排空管(2)

② 若过滤器收尘布袋发生泄漏,也会有大量煤粉进入排空管(图3.61)。排空管出口与大气接触,若煤粉泄漏量过大,达到了爆炸下限浓度,则在遇到雷击或摩擦静电等点火源的情况下,存在煤粉爆炸的可能。

③ 粉煤仓顶部设置了4条由减压过滤器返回的返煤管线,如图3.62所示。时间长了后,煤粉与管壁发生摩擦,管壁可能出现磨损,可能会发生煤粉泄漏。

图3.62　粉煤仓顶部的返煤管线

图3.63　粉煤仓顶部的防爆板

④ 如果操作失误造成粉煤仓超压,那么粉煤仓上的1块防爆板(图3.63)可能打开,有煤粉泄漏的危险。

⑤ 粉煤仓过滤器顶部没有安装CO浓度传感器和O_2浓度传感器。当设备检修时,

惰气系统停止运行,粉煤仓过滤器内残留的煤粉可能会因为设备打开、氧气的进入而发生自燃。而且粉煤仓过滤器内部氧浓度过低时,检修人员贸然进入可能会发生缺氧等危险。

(2) 减压过滤器

减压过滤器是对锁斗和给料罐进行泄压的装置,多余的气体通过管路进入减压过滤器,煤粉通过布袋进行收集,过滤后的气体则进入低温甲醇洗工艺流程。减压过滤器如图 3.64 所示。

图 3.64　减压过滤器(1)

图 3.65　减压过滤器顶部的防爆板

① 减压过滤器设计压力为 0.35 MPa,正常运行时内部压力为 0.2 MPa。减压过滤器顶部设有防爆板,如图 3.65 所示,如果操作失误设备可能出现超压,达到防爆板的开启压力,那么防爆板会打开,煤粉会随着高压气体泄漏出来。

② 锁斗到减压过滤器的泄压管线如图 3.66 所示,压力较高(由 5.6 MPa 泄压到 0.2 MPa),管道易磨损,有煤粉泄漏的危险。

③ 减压过滤器顶部没有安装 CO 浓度传感器和 O_2 浓度传感器。当设备检修时,惰气系统停止运行,减压过滤器内残留的煤粉可能会因为设备打开、氧气的进入而发生自燃。而且减压过滤器内部氧浓度过低时,检修人员贸然进入可能会发生缺氧等危险。

图 3.66　泄压管线

(3) 给料罐

① 给料罐发送煤粉的管道(图 3.67)压力为 5.2 MPa,由于管道内为高速流动的煤粉,管道易磨损,出现泄漏事故。

图 3.67 给料罐的发送管道

图 3.68 给料罐过滤器

② 给料罐过滤器如图 3.68 所示。若过滤器发生故障,则煤粉会随排空管(图 3.69)排出,形成粉尘云,遇点火源有爆炸危险。

通过对气化装置煤粉加压输送工艺三个单元分别进行分析,辨识了各单元不同部位或区域可能存在的危险源。通过分析可知,重大危险源(煤粉)可能产生的危险为泄漏、燃烧和爆炸,其他危险源可能产生的危险为高空坠物等。以重大危险源辨识为主的煤粉加压输送工艺危险源辨识结果如表 3.2 所示。

图 3.69 过滤器排空管(3)

表 3.2 煤粉加压输送工艺危险源辨识结果

单元	存在危险源的部位或区域	可能存在的危险	建议
粉煤仓	过滤器	遇故障过滤器泄爆片可能打开,有煤粉泄漏危险	进行泄爆核算,安装视频监控系统,并定期检查
	排空管	过滤器布袋磨损,煤粉随排空管排出,可能会形成高浓度粉尘云,遇点火源有爆炸危险	安装自动抑爆装置
	返煤管线	管道法兰易磨损,有煤粉泄漏危险	定期检查
	顶部防爆板	遇故障防爆板可能打开,有煤粉泄漏危险	进行泄爆核算,并增设水雾喷淋系统

(续表)

单元	存在危险源的部位或区域	可能存在的危险	建议
减压过滤器	顶部防爆板	遇故障防爆板可能打开,有煤粉泄漏危险	进行泄爆核算,并定期检查
	泄压管线	锁斗到减压过滤器的泄压管线易在高压环境下发生磨损,有煤粉泄漏危险	定期检查
给料罐	发送管道	高速流动煤粉易使管道发生磨损,有煤粉泄漏危险	定期检查
	过滤器排空管	过滤器故障,煤粉可能会随排空管排出,形成粉尘云,遇点火源有爆炸危险	安装自动抑爆装置

3.3.3.3 备煤系统六层密闭空间煤粉爆炸波及范围分析

在 3.3.3.1 小节中提到,煤粉收集器的下锥部所在的六层密闭空间一旦发生爆炸,相比于敞开空间,对设备设施及人员会造成更大的伤害。爆炸波及范围则显得尤为重要。如果重要设施及救援人员处于波及范围之外,那么有利于事故的处置与人员救援。

(1) TNT 当量计算

要想计算爆炸的影响距离,首先要知道煤粉爆炸的 TNT 当量。煤尘爆炸主要是煤尘释放出的可燃气体发生爆炸,按照最危险的程度考虑,则可以假设煤尘全部转化成可燃气体。参照 TNT 当量法的关键模型[式(3.1)],可以计算煤尘爆炸的 TNT 当量。

$$W_{TNT} = aWQ/Q_{TNT} \tag{3.1}$$

式中,W_{TNT} ——TNT 当量,kg;

a ——蒸气云当量系数(统计平均值是 0.04,占统计的 60%);

W ——蒸气云中可燃气体质量,kg;

Q ——燃烧热,J/kg;

Q_{TNT} ——TNT 的爆炸热,J/kg。

① 根据式(3.1),a 取 0.04。

② W 取密闭空间中瞬间可能泄漏的最大煤粉质量。若检修时人孔泄漏,则泄漏的煤粉应为料位计和人孔之间的粉煤仓内的煤粉(检修时,设备停运,煤粉仓内为常压;按照最大量计算,把料位计以下的区域视为料位计的监测盲区)。可能泄漏的最大煤粉质量为 $16.4 \text{ m}^3 \times 850 \text{ kg/m}^3 = 13\,940 \text{ kg}$。

如旋转给料阀和螺旋输送机间的软连接发生泄漏,由设计资料可知,旋转给料阀的设计能力为 17~18.5 t/h。按照最大设计能力计算,并假设旋转给料阀出口的煤粉在软连接处全部泄漏,则泄漏的质量流率如式(3.2)所示。若泄漏时间为 5 min,则泄漏的煤粉质量为 5.14 kg/s×5×60 s=1 542 kg,即 $W=1 542$ kg。若泄漏时间为 10 min,则泄漏的煤粉质量为 5.14 kg/s×10×60 s=3 084 kg,即 $W=3 084$ kg。

$$Q_m = 18.5 \times 1\,000/3\,600 \approx 5.14 \text{(kg/s)} \tag{3.2}$$

③ Q 是燃烧热,根据发热量的测试,煤样发热量为 23 MJ/kg,则 $Q=2.3\times 10^7$ J/kg。

④ Q_{TNT} 是 TNT 的爆炸热,一般取 4.5×10^6 J/kg。

根据上述参数取值,可以计算出煤粉爆炸的 TNT 当量。

人孔泄漏煤粉爆炸的 TNT 当量为:

$W_{TNT}=(0.04\times 13\,940 \text{ kg}\times 2.3\times 10^7 \text{ J/kg})/(4.5\times 10^6 \text{ J/kg})\approx 2\,850$ kg。

软连接泄漏煤粉爆炸的 TNT 当量为:

泄漏 5 min: $W_{TNT}=(0.04\times 1\,542 \text{ kg}\times 2.3\times 10^7 \text{ J/kg})/(4.5\times 10^6 \text{ J/kg})\approx 315$ kg。

泄漏 10 min: $W_{TNT}=(0.04\times 3\,084 \text{ kg}\times 2.3\times 10^7 \text{ J/kg})/(4.5\times 10^6 \text{ J/kg})\approx 631$ kg。

(2) 波及范围计算

煤粉爆炸后,其爆炸产生的冲击波超压会对人员和设备设施造成伤害。因此,计算爆炸波及范围对于事故应急处置和人员救援至关重要。爆炸波及范围可以参照经验公式(3.3)进行计算。

$$\Delta p = 1.06 \frac{\sqrt[3]{W_{TNT}}}{r} + 4.3\left(\frac{\sqrt[3]{W_{TNT}}}{r}\right)^2 + 14\left(\frac{\sqrt[3]{W_{TNT}}}{r}\right)^3 \quad 1\leqslant \frac{r}{\sqrt[3]{W_{TNT}}} \leqslant 10\sim 15 \tag{3.3}$$

式中,Δp ——爆炸冲击波的峰值超压,10^5 Pa;

W_{TNT} ——TNT 当量,kg;

r ——距离爆炸中心的距离,m。

参照《爆破安全规程》(GB 6722—2014)等相关标准和资料的内容,建筑物的破坏程度与超压、人的伤害程度与超压都存在一定的关系。将超压数值和 TNT 当量代入经验公式(3.3),可近似计算出煤尘爆炸的波及范围。计算结果如表 3.3 和表 3.4 所示,其中,R 值为 $\frac{r}{\sqrt[3]{W_{TNT}}}$。

表 3.3 Δp 值、距离 r 及对建筑物的破坏程度关系对照表

冲击波超压 Δp /MPa	R 值 (无防护土堤)	距离 r/m			破坏等级(名称)
		人孔泄漏 (无防护土堤)	软连接泄漏 10 min (无防护土堤)	软连接泄漏 5 min (无防护土堤)	
<0.02	≥57	≥807.979	≥488.538	≥387.753	一级(基本无破坏)
0.02~0.09	15.5~57	219.844~807.979	132.927~488.538	105.504~387.753	二级(次轻度破坏)

(续表)

冲击波超压 Δp /MPa	R 值 (无防护土堤)	距离 r/m			破坏等级(名称)
		人孔泄漏 (无防护土堤)	软连接泄漏 10 min (无防护土堤)	软连接泄漏 5 min (无防护土堤)	
0.09~0.25	7.6~15.5	106.596~219.844	64.452~132.927	51.156~105.504	三级(轻度破坏)
0.25~0.40	5.6~7.6	80.098~106.596	48.431~64.452	38.439~51.156	四级(中度破坏)
0.40~0.55	4.7~5.6	66.968~80.098	40.492~48.431	32.138~38.439	五级(次度破坏)
0.55~0.76	3.9~4.7	56.423~66.968	34.116~40.492	27.078~32.138	六级(严重破坏)
≥0.76	<3.9	<56.423	<34.116	<27.078	七级(完全破坏)

表 3.4 ΔP 值、距离 r 及对人的伤害程度关系对照表

冲击波超压 Δp/MPa	R 值 (无防护土堤)	距离 r/m			对人体伤害的估计
		人孔泄漏 (无防护土堤)	软连接泄漏 10 min (无防护土堤)	软连接泄漏 5 min (无防护土堤)	
≥1.0	<3.45	<49.141	<29.713	<23.583	死亡或致命伤
0.5~1.0	3.45~5.0	49.141~70.574	29.713~42.672	23.583~33.869	重伤骨折、内出血
0.3~0.5	5.0~6.7	70.574~95.099	42.672~57.501	33.869~45.638	中伤内伤、耳膜破裂
0.2~0.3	6.7~8.8	95.099~123.312	57.501~74.559	45.638~59.178	轻伤内伤、耳鸣
<0.2	≥8.8	≥123.312	≥74.559	≥59.178	基本无伤害

由表 3.3 可知,一旦人孔发生泄漏,且泄漏量按照可能发生的最大量计算,发生煤尘爆炸后,则距离爆炸中心 807.979 m 及之外的建筑才能满足一级破坏(基本无破坏)的要求。而一旦软连接出现泄漏,如果泄漏时间为 5 min,那么发生煤尘爆炸后,距离爆炸中心 387.753 m 及以外的建筑才能满足一级破坏的要求;如果泄漏时间为 10 min,那么发生煤尘爆炸后,距离爆炸中心 488.538 m 及以外的建筑才能满足一级破坏的要求。

由表 3.4 可知,一旦人孔发生泄漏,且泄漏量按照可能发生的最大量计算,发生煤尘爆炸后,则距离爆炸中心 123.312 m 及之外的人员才能基本无伤害,距离爆炸中心 70.574 m 之内的人员将会出现重伤甚至死亡。而一旦软连接出现泄漏,如果泄漏时间为 5 min,那么发生煤尘爆炸后,距离爆炸中心 59.178 m 及之外的人员才能基本无伤害,距离爆炸中心 33.869 m 之内的人员将会出现重伤甚至死亡;如果泄漏时间为 10 min,那么发生煤尘爆炸后,距离爆炸中心 74.559 m 及之外的人员才能基本无伤害,距离爆炸中心 42.672 m 之内的人员将会出现重伤甚至死亡。

需要特别说明的是,上述结果是通过经验公式计算得到的,由于现场的复杂性,其结果存在误差。但该结果可以作为参考,为事故的应急处置和人员救援提供依据。

3.3.4 危险源等级划分

3.3.4.1 危险源等级划分依据的确定

通过危险源分析,我们知道了容易发生煤粉泄漏、燃烧及爆炸的危险部位或区域。接下来,我们将通过不同危险区域的计算分数来划分危险源的等级。划分依据包括以下四条:是否有煤粉泄漏及泄漏量、是否易发现煤粉、设备内部压力情况以及泄漏点附近有无潜在的点火源。

由前文可知,煤尘爆炸必须同时具备四个条件:煤尘本身具有爆炸性,有适合浓度的氧气,煤尘要以适当浓度在空气中悬浮,有足够能量的点火源。在这四个条件中,煤制油所用的煤粉本身具有爆炸性,如果煤粉泄漏到环境中,那么存在充足的氧气。因此,我们将重点考虑是否存在尘源及点火源。

因此,四条划分依据中,"是否有煤粉泄漏及泄漏量""泄漏点附近有无潜在的点火源"应该占据更大的比重。另外,如果设备内部存在压力,那么泄漏的煤粉更容易在空气中形成煤尘云,达到爆炸下限浓度,因此"设备内部压力情况"的比重应该高于"是否易发现煤粉"。

按照满分100分计算(最危险情况),则"是否有煤粉泄漏及泄漏量"为35分,"泄漏点附近有无潜在的点火源"为35分,"设备内部压力情况"为20分,"是否易发现煤粉"为10分。每条依据根据不同的情况又有更详细的划分,具体如表3.5所示。

表3.5 危险源等级划分依据对照表

是否有煤粉泄漏及泄漏量 (35分)	是否易发现煤粉 (10分)	设备内部压力情况 (20分)	泄漏点附近有无潜在的点火源(35分)
无煤粉泄漏(0分)	易发现(4分)	常压(10分)	无任何点火源及高温热表面(0分)
设备正常运行中有煤粉积聚形成粉尘层,缓慢;或有少量粉尘云(小于100 mg/m³)非持续出现(10分)	不易发现或难以预判(10分)	微正压(小于0.1 MPa)(12分)	有高温热表面,且温度低于240 ℃(10分)
设备正常运行中有煤粉积聚形成粉尘层,快速;或有少量粉尘云(小于100 mg/m³)持续出现(20分)	—	高压(大于0.1 MPa)(20分)	有高温热表面,且温度介于240 ℃和540 ℃之间(20分)
设备故障出现泄漏点,有煤粉泄漏,且泄漏量小(介于100 mg/m³和1 000 mg/m³之间)(30分)	—	—	有高温热表面,且温度高于540 ℃(35分)

(续表)

是否有煤粉泄漏及泄漏量 (35分)	是否易发现煤粉 (10分)	设备内部压力情况 (20分)	泄漏点附近有无潜在的点火源(35分)
设备故障出现泄漏点,有煤粉泄漏,且泄漏量大(大于1 000 mg/m³)(35分)	—	—	可能出现静电火花、摩擦火花或电气失爆(35分)

注:这里的点火源不包括人为原因或设备故障产生的点火源,也不包括煤粉堆积时间过长自燃产生的点火源。

3.3.4.2 不同危险区域分数计算

依据表3.5的内容,对前文中辨识的"存在危险源的部位或区域"进行分数计算,如表3.6和表3.7所示。

表3.6 煤粉制备工艺危险源分数计算结果

单元	存在危险源的部位或区域	可能存在的危险	分数计算/分	备注
皮带输送机	犁式卸料器	无水雾喷头,可能会产生煤尘云,有爆炸危险	20+4+10+35=69	有少量但持续的煤尘;易发现;常压;可能会出现摩擦火花
	端头滚筒附近	有大量积尘,且不易清扫,有自燃危险	20+4+10+10=44	有快速积聚的煤尘层;易发现;常压;存在温度较低的热源
	皮带下方区域	皮带运行中可能撒落煤粉,滚筒与皮带摩擦产生的高温可能会引燃煤尘,有燃烧危险	10+4+10+10=34	有少量且非持续的煤尘云;易发现;常压;存在温度较低的热源
原煤仓	下锥部插板阀	插板阀法兰可能磨损,有煤粉泄漏危险	30+4+10+0=44	可能产生泄漏点且泄漏量少;易发现;常压;无点火源
	下锥部注氮管道	管道连接处易磨损,氮气可能发生泄漏,有窒息危险;煤粉可能会随氮气喷射出来,遇到点火源可能有爆炸危险	35+4+20+0=59	可能产生泄漏点且泄漏量大;易发现;高压;无点火源
	V形溜槽	转弯处磨损,有泄漏危险,溜槽中间区域较为隐蔽,泄漏的煤粉有自燃危险	30+10+10+0=50	可能产生泄漏点且泄漏量少;不易发现;常压;无点火源
	原煤仓和溜槽间的软连接	软连接可能磨损,有煤粉泄漏危险	35+4+10+0=49	可能产生泄漏点且泄漏量大;易发现;常压;无点火源
	过滤器泄爆片	遇故障泄爆片可能打开,有煤粉泄漏危险	35+4+20+0=59	可能产生泄漏点且泄漏量大;易发现;高压;无点火源

(续表)

单元	存在危险源的部位或区域	可能存在的危险	分数计算/分	备注
称重给煤机	氮气保护系统	若氮气保护系统发生故障，则称重给煤机内部煤粉有自燃危险	20+10+10+0=40	有持续形成的煤尘层；不易发现；常压；无点火源
磨煤机	入口管路平台	平台表面温度较高，接近磨煤机的区域最高可达91.7℃，泄漏的煤粉在平台堆积，不易发现，有燃烧危险	30+10+10+10=60	设备故障有煤粉泄漏堆积成煤尘层；不易发现；常压；存在温度较低的热源
磨煤机	拉杆	受摩擦等影响，拉杆可能发生磨损甚至断裂，有煤粉泄漏危险	30+10+10+10=60	设备故障有煤粉泄漏堆积成煤尘层；不易发现；常压；存在温度较低的热源
磨煤机	底座	拉杆处泄漏的煤粉可能进入底座内部，底座内部地面温度最高可达60℃，且底座较为隐蔽，有燃烧危险		
磨煤机	落煤管、磨煤机本体及出口管路	较易磨损，有煤粉泄漏危险	30+10+10+10=60	设备故障有煤粉泄漏堆积成煤尘层；不易发现；常压；存在温度较低的热源
煤粉收集器	旋转给料阀下部的软连接	软连接易老化、磨损，有煤粉泄漏危险	35+4+10+35=84	可能产生泄漏点且泄漏量大；易发现；常压；存在高温蒸气管道，且温度高
煤粉收集器	旋转给料阀上部的插板阀	插板阀法兰易磨损，有煤粉泄漏危险	30+4+10+10=54	可能产生泄漏点且泄漏量少；易发现；常压；存在温度较低的热源
煤粉收集器	下锥部所在六层区域	有窗户封闭，形成密闭空间，一旦发生泄漏，遇点火源可能有爆炸危险	35+10+10+35=90	可能产生泄漏点且泄漏量大；难以预判；常压；存在高温蒸气管道，且温度高
煤粉收集器	下锥部人孔	检修时，由于料位计无法准确判断煤粉位置，可能有煤粉泄漏危险		
煤粉收集器	上部的防爆板	因故障防爆板可能打开，有煤粉泄漏危险；防爆板端口与墙壁及煤粉收集器距离太近，可能会形成高浓度煤尘云，遇点火源有爆炸危险	35+4+20+0=59	可能产生泄漏点且泄漏量大；易发现；高压；无点火源
煤粉收集器	螺旋输送机转轴	螺旋输送机转轴表面温度约为56℃，且无防护措施，泄漏的煤粉可能会落在转轴附近，有燃烧危险	35+4+10+10=59	可能产生泄漏点且泄漏量大；易发现；常压；存在温度较低的热源
煤粉收集器	排空管	若滤袋破损，煤粉可能会随排空管排出，形成煤尘云，遇点火源有爆炸危险	35+4+10+0=49	可能产生泄漏点且泄漏量大；易发现；常压；无点火源

(续表)

单元	存在危险源的部位或区域	可能存在的危险	分数计算/分	备注
纤维分离器和过滤器	纤维分离器上部的软连接	软连接易老化、磨损,有煤粉泄漏危险	35+4+10+10=59	可能产生泄漏点且泄漏量大;易发现;常压;存在温度较低的热源
	纤维分离器下部的插板阀	插板阀法兰易磨损,有煤粉泄漏危险	30+4+10+0=44	可能产生泄漏点且泄漏量少;易发现;常压;无点火源
	过滤器泄爆片	天气寒冷时,煤粉易堵塞排空管口,可能发生憋压,泄爆片可能打开,有煤粉泄漏危险	35+4+20+0=59	可能产生泄漏点且泄漏量大;易发现;高压;无点火源
	过滤器排空管	若布袋破损,煤粉可能会随排空管排出,形成煤尘云,遇点火源有爆炸危险	35+4+10+0=49	可能产生泄漏点且泄漏量大;易发现;常压;无点火源
	摆线针轮减速机	摆线针轮减速机底部转轴敞开,且底部温度约为40℃,泄漏的煤粉在底部堆积,有燃烧危险	35+4+10+10=59	可能产生泄漏点且泄漏量大;易发现;常压;存在温度较低的热源
粉煤仓	顶部的防爆板	遇故障防爆板可能打开,有煤粉泄漏危险	35+10+20+0=65	可能产生泄漏点且泄漏量大;不易发现;高压;无点火源
	下锥部注氮管道	管道连接处易磨损,氮气可能发生泄漏,有窒息危险,煤粉可能会随氮气喷射出来,遇到点火源可能有爆炸危险	35+4+20+0=59	可能产生泄漏点且泄漏量大;易发现;高压;无点火源
	顶部软连接	软连接易老化、磨损,有煤粉泄漏危险	35+4+10+0=49	可能产生泄漏点且泄漏量大;易发现;常压;无点火源
	下锥部软连接	软连接易老化、磨损,有煤粉泄漏危险	35+4+10+0=49	可能产生泄漏点且泄漏量大;易发现;常压;无点火源
	插板阀	插板阀法兰易磨损,有煤粉泄漏危险	30+4+10+0=44	可能产生泄漏点且泄漏量少;易发现;常压;无点火源
	均压管路	高压环境下,管路法兰易磨损,有泄漏危险	35+4+20+0=59	可能产生泄漏点且泄漏量大;易发现;高压;无点火源
	返料管	返料管法兰易磨损,有煤粉泄漏危险	35+4+20+0=59	可能产生泄漏点且泄漏量大;易发现;高压;无点火源
发送罐	顶部软连接	软连接易老化、磨损,有煤粉泄漏危险	35+4+10+0=49	可能产生泄漏点且泄漏量大;易发现;常压;无点火源
	发送管道	高压情况下,法兰易磨损,有煤粉泄漏危险	35+4+20+0=59	可能产生泄漏点且泄漏量大;易发现;高压;无点火源

表 3.7 煤粉加压输送工艺危险源分数计算结果

单元	存在危险源的部位或区域	可能存在的危险	分数计算/分	备注
粉煤仓	过滤器	遇故障过滤器泄爆片可能打开，有煤粉泄漏危险	35+4+20+0=59	可能产生泄漏点且泄漏量大；易发现；高压；无点火源
粉煤仓	排空管	过滤器布袋磨损，煤粉随排空管排出，可能会形成高浓度粉尘云，遇点火源有爆炸危险	35+4+10+0=49	可能产生泄漏点且泄漏量大；易发现；常压；无点火源
粉煤仓	返煤管线	管道法兰易磨损，有煤粉泄漏危险	35+4+20+0=59	可能产生泄漏点且泄漏量大；易发现；高压；无点火源
粉煤仓	顶部防爆板	遇故障防爆板可能打开，有煤粉泄漏危险	35+10+20+0=65	可能产生泄漏点且泄漏量大；不易发现；高压；无点火源
减压过滤器	顶部泄爆片	遇故障泄爆片可能打开，有煤粉泄漏危险	35+4+20+0=59	可能产生泄漏点且泄漏量大；易发现；高压；无点火源
减压过滤器	泄压管线	锁斗到减压过滤器的泄压管易在高压环境下发生磨损，有煤粉泄漏危险	35+4+20+0=59	可能产生泄漏点且泄漏量大；易发现；高压；无点火源
给料罐	发送管道	高速流动煤粉易使管道发生磨损，有煤粉泄漏危险	35+4+20+0=59	可能产生泄漏点且泄漏量大；易发现；高压；无点火源
给料罐	过滤器排空管	过滤器故障，煤粉可能会随排空管排出，形成粉尘云，遇点火源有爆炸危险	35+4+10+0=49	可能产生泄漏点且泄漏量大；易发现；常压；无点火源

3.3.4.3 危险源分级

通过对表 3.6 和表 3.7 的归纳整理，得到不同分数段内的危险源数量，并以此为依据，划分了危险源等级，具体如表 3.8 所示。

表 3.8 危险源分级

分数段/分	≥80	60~80	50~60	40~50	<40
危险源数量	2	6	18	13	1
危险源等级	Ⅰ	Ⅱ	Ⅲ	Ⅳ	Ⅴ

(1) Ⅰ级危险源

可能产生泄漏点且泄漏量大；对于泄漏难以预判或易发现；存在高于 540 ℃ 的高温

热源。

存在区域：旋转给料阀下部的软连接,煤粉收集器下锥部所在六层区域、人孔,等等。

（2）Ⅱ级危险源

主要存在以下三种情况：一是存在泄漏点且泄漏量大,泄漏不易发现且存在高压,但无点火源；二是存在泄漏点且泄漏量大,泄漏不易发现且为常压,且存在温度较低的热源；三是设备正常运行时产生少量粉尘,泄漏易发现且为常压,但可能出现点火源。

存在区域：犁式卸料器,磨煤机入口管路平台、拉杆及底座,等等。

（3）Ⅲ级危险源

主要存在以下三种情况：一是存在泄漏点且泄漏量大,泄漏易发现且存在高压,但无点火源,或常压且存在温度较低的热源；二是存在泄漏点且泄漏量少,泄漏易发现但为常压,且存在温度较低的热源；三是存在泄漏点且泄漏量少,泄漏不易发现且为常压,但无点火源。

存在区域：原煤仓下锥部注氮管道,原煤仓 V 形溜槽,旋转给料阀上部的插板阀,等等。

（4）Ⅳ级危险源

主要存在以下两种情况：一是存在泄漏点且泄漏量大于 $1\,000\ mg/m^3$,泄漏易发现且为常压,但无点火源；二是有快速积聚的煤尘层,泄漏易发现且为常压,但存在温度较低的热源。

存在区域：皮带输送机端头滚筒附近,原煤仓下锥部插板阀,原煤仓和溜槽间的软连接,等等。

（5）Ⅴ级危险源

设备运行时有少量且非持续的煤尘云,易发现且为常压,但存在温度较低的热源。

存在区域：皮带输送机皮带下方区域。

第4章　安全监测监控参数研究

煤粉制备工艺包含的设备节点有原煤仓及过滤器、煤粉收集器、粉煤仓及过滤器、磨煤机、热风炉、纤维分离器、气力输送系统等。煤粉加压输送工艺包含的设备节点有粉煤仓及过滤器、减压过滤器、锁斗、给料罐等。本章在分析某煤制油化工企业备煤系统的运行工况条件、设备工作原理及参数的基础上，研究保障系统运行的监测监控仪表、监测参数及范围以及针对煤粉自燃、泄漏等采取的措施。

4.1　系统设备的监测监控仪表布置

4.1.1　煤粉制备工艺的监测监控仪表

4.1.1.1　皮带输送机

原煤通过皮带输送机(图4.1)输送进原煤仓。皮带输送机的带宽为1 400 mm，带速为2.5 m/s。皮带输送机输送的物料为块煤，粒径小于50 mm，物料的堆积密度为900～1 000 kg/m³。皮带输送机安装的传感器有声光报警器、撕裂传感器、打滑传感器、跑偏传感器(图4.2)、急停开关(图4.3)等。

图4.1　皮带输送机及犁式卸料器

图4.2　皮带输送机跑偏传感器

皮带输送机区域四周安装了玻璃窗，为相对密闭空间。在每个备煤区内的四周墙壁上安装了局部通风机及多台风扇，并安装了3个监控摄像头。皮带输送机区域的监测监控仪表如表4.1所示。

图 4.3 皮带输送机急停开关

表 4.1 皮带输送机监测监控仪表

名称	型号	数量	安装位置	工况条件
声光报警器	—	1 支	备煤区皮带输送机端头上方	介质:原煤。工况:常温常压
撕裂传感器	—	1 支	皮带输送机下侧	介质:原煤。工况:常温常压
打滑传感器	DH1	1 支	每隔一定距离一组	介质:原煤。工况:常温常压
跑偏传感器	GEJ30	1 套,成对	皮带输送机下侧	介质:原煤。工况:常温常压
急停开关	KHJ30/10	1 个	皮带输送机外侧	介质:原煤。工况:常温常压

4.1.1.2 原煤仓

原煤仓布置在输送原煤的皮带输送机下方,是备煤装置中大型钢壳式常压贮仓。原煤仓设计压力为 2/−5 kPa(G)(最高设计压力/最低设计压力),设计温度为 70/−19.9 ℃(最高设计温度/最低设计温度),容积为 450 m³,上段为直径为 7 000 mm 的圆柱筒体,顶部为平顶,下段为锥形,采用圈座支撑,总高度为 16 200 mm,属于常压容器。

原煤仓上部设置了过滤器(图 4.4),设计温度为 80 ℃,设计压力为 −0.005/0.003 MPa(G)。用于收集原煤由皮带输送机卸落时扬起的煤粉。过滤器收集的煤粉应定期清除并卸入原煤仓中。原煤仓过滤器清洗袋采用 0.7 MPa(G)、环境温度的工厂风反吹,反吹气量和反吹时间由过滤器配套的电磁阀控制。原煤仓过滤器后方设置了原煤仓过滤器风机(图 4.5),除尘后气体经风管排入大气中。

图 4.4　原煤仓过滤器(2)　　　　　图 4.5　原煤仓过滤器风机及排空管

原煤仓下部安装了氮气分布环,起到物料助流作用。原煤仓锥部安装了疏松机,用于疏松原煤,防止压实。原煤仓下部设置了称重给煤机,原煤仓中的原煤由称重给煤机定量称重后落入磨煤机中。为了减轻原煤仓中的原料煤对称重给煤机胶带面的压力,原煤仓下锥部至称重给煤机的进料溜管上部设置了插板阀。

原煤仓锥部安装了 1 支温度变送器(图 4.6),筒体中部安装了 2 支温度变送器(图 4.7),顶部的过滤器上安装了 1 台防爆压差仪,监测进出口压力,用于检测过滤器的收尘性能,检测布袋是否破损、脱落等。在顶部还安装了 1 台 VEGAPULS SR68 型超声波料位计(图 4.8),以控制原煤仓中的料位和原煤仓进出料。原煤仓处于高料位时,停止进料;处于低料位时,发出信号必须立刻进料。在原煤仓过滤器排空管线上设置了粉尘监测点,手动取样监测,1 次/月,控制指标为小于或等于 20 mg/m^3。原煤仓位置的监测监控仪表如表 4.2 所示。

图 4.6　原煤仓锥部的温度变送器　　　　　图 4.7　原煤仓中部的温度变送器

图 4.8　原煤仓顶部的超声波料位计

表 4.2　原煤仓监测监控仪表

名称	型号	数量	楼层	安装位置	工况参数	量程
温度变送器	Pt100-385-3 线	1 支	3 层	原煤仓锥部	工况：常温。 介质：精煤	−30～100 ℃
温度变送器		2 支	4 层	原煤仓中部	工况：常温。 介质：精煤	−30～100 ℃
防爆压差仪	—	1 台	5 层	原煤仓 过滤器上	作用：监测 进出口压差。 检测布袋 是否破损	0～5 kPa
超声波料位计	VEGAPULS SR68	1 支	5 层	原煤仓顶部	作用：检测原煤 仓内料位高度	0～16 200 mm

4.1.1.3　磨煤机

磨煤干燥工序采用中速辊式磨煤机,磨煤机整体如图 4.9 所示。磨煤机设计温度为 450 ℃,设计压力最小为 −0.01 MPa,最大为 0.35 MPa。热惰性气体进入磨煤机的温度在 240～330 ℃(现场操作：290～320 ℃)之间,磨煤机出口的气体温度控制在 105 ℃左右。

称重给煤机定量输送的原煤由落煤管进入磨煤机后,在磨盘旋转引起的离心力作用下,进入磨煤机的两个碾磨部件之间,原煤受到挤压和碾磨而被粉碎成煤粉。在离心力作用下煤粉被抛至磨盘外缘风环处,来自热风炉的热惰性气体以一定速度进入干燥空间,对煤粉进行干燥和分级,较细的煤粉被热风吹到碾磨区上部的旋转分离器中,大颗粒物落回磨盘上或杂物仓。较细的煤粉经旋转分离器筛选,不合格的粗煤粉返回碾磨区重磨。

图 4.9　磨煤机整体

为防止煤粉进入磨辊轴、磨盘轴、拉杆及旋转分离器轴等处,磨煤机配套设置了密封气风机,与整个备煤系统设置的密封用氮气组成密封气系统,惰性气体通入磨辊轴、磨盘轴、拉杆及旋转分离器轴等处的动静密封装置内,以保证这些动静密封装置在无尘状态下运行。

磨煤机在落煤管、筒体、磨机出口膨胀节、拉杆连接(填料)等处存在煤粉泄漏危险。目前采取的措施为定期巡检,发现后及时更换。

在磨煤机底部、中部各安装了 3 支 WZPK2-2716 型用于监测磨煤机电动机绕组、铁芯的温度传感器。在磨煤机顶部安装了 1 支 WZPK2-2716 型用于监测磨煤机内旋转分离器减速箱温度的传感器,在磨机顶部平台安装了 3 支 WZPK2-2716 型用于监测旋转分离器煤粉与循环气混合物温度的传感器,呈环形分布。在磨煤机热惰性气体入口位置(图 4.10)安装了 6 支 EJA-118W 型压差传感器,其中 3 支用于监测入口热惰性气体与氮气总管的压差,另 3 支用于监测入口热惰性气体与密封风机空气管线的压差,检验量程均为 0~10 kPa。各取样点如图 4.11~图 4.16 所示。磨煤机位置的监测监控仪表如表 4.3 所示。

图 4.10 磨煤机热惰性气体进气管入口

图 4.11 热惰性气体进气管压差取样点(左)

图 4.12 热惰性气体进气管压差取样点(右)

图 4.13 压差变送器、氮气总管取样点

图 4.14 空气总管取样点

图 4.15 煤粉与热惰气混合物温度监测

图 4.16 旋转分离器温度传感器

表 4.3 磨煤机监测监控仪表

名称	型号	数量	楼层	安装位置	工况参数	量程	厂家
温度传感器	WZPK2-2716 双支式	3支	1层	磨煤机底部、中部	作用：磨煤机电动机绕组、铁芯监测	−200～600 ℃	重庆川仪十七厂有限公司
温度传感器	WZPK2-2716 双支式	1支	1层	磨煤机顶部	作用：旋转分离器减速箱温度监测	−200～600 ℃	重庆川仪十七厂有限公司
温度传感器	WZPK2-2716 双支式	3支	1层	磨煤机顶部平台	介质：惰性气体及煤粉。温度：100～120 ℃	−200～600 ℃	重庆川仪十七厂有限公司
压差传感器	EJA-118W	3支	1层	①磨煤机热惰性气体入口（左侧）。②氮气总管	①介质：热惰性气体；温度：290～320 ℃。②介质：冷氮；温度：常温	0～10 kPa	重庆横河川仪有限公司

(续表)

名称	型号	数量	楼层	安装位置	工况参数	量程	厂家
压差传感器	EJA-118W	3支	1层	① 磨煤机热惰性气体入口（右侧）。② 密封风机空气管线	① 介质：热惰性气体；温度：290～320 ℃。② 介质：空气；温度：常温	0～10 kPa	重庆横河川仪有限公司

4.1.1.4 热风炉区

煤粉制备工艺流程有两条路线：煤的运行路线和气的运行路线。气的运行路线主要产生热惰性气体，对研磨后的煤粉进行干燥，并通过气力输送系统将煤粉输送至煤粉收集器。热风炉的主要作用就是通过燃烧产生热气，并与来自煤粉收集器的循环气混合形成热惰性气体。

热风炉为立式圆筒炉，直径为2 924 mm，设计温度为450 ℃，设计压力为0.01～0.02 MPa(G)。热风炉的燃料为来自下游管网装置的混合燃料气（点火和试车阶段使用的燃料气为天然气），燃烧空气由助燃风机提供。燃料气与燃烧空气按一定比例送入热风炉。燃烧空气经输送管道接入热风炉顶部，进入内部的燃烧室。助燃风机用于调节热风炉的温度，控制水分含量，防止露点，气源为空气。助燃风机经管道连接至循环风机与热风炉之间的管线上。热风炉区如图4.17所示。

图4.17 热风炉区

燃料气进入热风炉烧嘴与空气在热风炉内燃烧产生热气，与循环风机返回的循环气在热风炉中混合，调配控制混合气温度在240～330 ℃（现场操作：290～320 ℃）之间，使之成为氧含量低于8.0%的热惰性气体，用作磨煤干燥工序的干燥热风源。

由于热风炉区域为重点危险区域，且该区域是煤粉干燥及气力输送的保障，该区域的工艺参数的监测监控尤为重要，既要保障工艺过程的安全性，又要混合形成满足条件的热惰性气体,保障干燥后形成合格的煤粉。

助燃风机进入热风炉的管线入口处安装了1支3051型压力变送器,检验量程为0～25 kPa;助燃风机管线上安装了1支压差变送计(文丘里管流量计),主要用于监测进入热风炉燃烧室的空气流量。热风炉的顶部安装了1支Polytroh 5200 XTR 0210型氢气检测仪、1支Polytroh 5000 ETR 0200型CO检测仪,用于监测外部环境中的H_2、CO的浓度。热风炉顶部安装了1台U2 1010-PF型火焰探测器。在热风炉的炉膛中部安装了1支温度变送器,量程为0～1 200 ℃,以监测热风炉内温度,生产过程中当热风炉温度异常时,测温仪会及时报警;热风炉炉膛中部还安装了1支3051型压力变送器,校验量程为0～16 kPa。在氮气管线处安装1支3051型压力变送器,校验量程为-3～8 kPa。在循环风机至热风炉入口管线上(小三层)安装了1台露点分析仪;1支温度变送器,量程为-30～150 ℃;1支压力变送器,校验量程为0～6 kPa。另外,在循环风机至热风炉管线上(小二层)安装了1台粉尘浓度检测仪,用于检测循环气体中的粉尘浓度;安装了1支压力变送器,用于监测循环气的压力。

在热风炉底部至磨煤机管线上(小二层)安装了1支温度变送器,介质为热惰性气体。在热风炉出口管线上安装1台磁氧分析仪,取样点为管线内部,分析点位于分析小屋内。在煤粉收集器至循环风机管线上、循环风机出口排空管线上各安装了1支插入式防堵型多点多重文丘里管流量计。热风炉区监测监控仪表如表4.4及图4.18～图4.28所示。

表4.4 热风炉区监测监控仪表

名称	型号	数量	楼层	安装位置	工况参数	量程
压力变送器	3051型	1支	3.5层	助燃风机进入热风炉的管线入口处	介质:空气	最大量程为0.062 MPa,校验量程为0～25 kPa
压差变送计	3051型	1支	3.5层	助燃风机管线上	介质:空气	—
氢气检测仪	Polytroh 5200 XTR 0210	1支	3.5层	热风炉顶部	作用:监测热风炉顶部H_2浓度	0～100%
CO检测仪	Polytroh 5000 ETR 0200	1支	3.5层	热风炉顶部	作用:监测热风炉顶部CO浓度	0～100 ppm
火焰探测器(flame detector)	U2 1010-PF	2台	3.5层	热风炉顶部	作用:热风炉区域火焰探测	紫外、红外探测
温度变送器	WZPK2-2716双支式	1支	3.5层	热风炉的炉膛中部,燃烧室内	作用:监测热风炉内温度	0～1 200 ℃

(续表)

名称	型号	数量	楼层	安装位置	工况参数	量程
压力变送器	3051型	1支	3.5层	热风炉的炉膛中部	作用：监测热风炉炉膛压力	最大量程为0.062 MPa，校验量程为0~16 kPa
压力变送器	3051型	1支	3.5层	氮气管线	介质：氮气	最大量程为0.062 MPa，校验量程为−3~8 kPa
露点分析仪	EE300EX	1台	3.5层	循环风机至热风炉管线	介质：收尘后惰性气体	0~100 ℃
温度变送器	Pt100-385-3线	1支	3.5层	循环风机至热风炉管线	介质：收尘后惰性气体。温度：70 ℃	−30~150 ℃
压力变送器	3051型	1支	3.5层	循环风机至热风炉管线	介质：收尘后惰性气体。温度：70 ℃	最大量程为0.062 MPa，校验量程为0~6 kPa
温度变送器	WZPK2-2716双支式	1支	2.5层	热风炉底部至磨煤机管线	介质：热惰性气体。温度：290~320 ℃	0~1 200 ℃
磁氧分析仪	PEPPERL+FUCHS	1台	2.5层	热风炉出口管线	介质：热惰性气体。温度：290~320 ℃	0~15%
粉尘浓度检测仪	FW-100/FW-300	1台	2.5层	循环风机至热风炉管线	介质：除尘后惰性气体。温度：80 ℃	0~50 mg/m^3
压力变送器	3051型	1支	2.5层	循环风机至热风炉管线	介质：除尘后惰性气体。温度：80 ℃	校验量程为0~6 kPa
插入式防堵型多点多重文丘里管流量计	3051型	1支	3.5层	循环风机出口排空管线	介质：除尘后惰性气体。温度：80 ℃	0~80 000 m^3/h
插入式防堵型多点多重文丘里管流量计	3051型	1支	3.5层	煤粉收集器至循环风机管线	介质：除尘后惰性气体。温度：80 ℃	0~350 000 m^3/h

图 4.18　热风炉进气管线

图 4.19　热风炉温度及压力监测

图 4.20　热风炉进气管线粉尘浓度检测仪

图 4.21　热风炉进气管线压力变送器

图 4.22　热风炉出口温度监测及氧含量监测

图 4.23　排空管线文丘里管流量计

图 4.24　热风炉入口管线露点分析仪　　图 4.25　煤粉收集器至循环风机管线文丘里管流量计

图 4.26　热风炉顶部的压力传感器　　　图 4.27　热风炉顶部的氢气检测仪

图 4.28　热风炉顶部的火焰探测器

4.1.1.5 煤粉收集器

煤粉收集器是一种高效、带有长滤袋的袋式除尘器,其操作温度约为 105 ℃,操作压力为 -3.6 kPa(G)。煤粉收集器收集煤粉采用过滤方式,滤袋布置成若干排,每排设有一个脉冲阀、一个喷吹管及若干喷嘴,喷嘴对准滤袋中心。煤粉收集器采用在线清灰的方式清出煤粉。清煤粉时脉冲阀瞬间将压缩气体释放出来,通过喷吹管送入滤袋内,滤袋因此快速抖动,煤粉便从滤袋表面脱落。煤粉收集器采用氮气作为清煤粉的气源,以保证收集器处于惰性气体环境下工作,提高整个系统的安全性。

煤粉收集器外部四周安装了可调启动压力并能自动复原的泄爆门,每个煤粉收集器安装了 12 个防爆板。煤粉收集器的锥部安装了 4 个人孔,在检修时因判断失误容易造成煤粉泄漏。对于煤粉泄漏现有措施为:定期巡检法兰及防爆板,若破裂及时更换。

在煤粉收集器顶部安装了 1 支压差变送器,检验量程为 0~5 kPa(图 4.30),取样点分别为煤粉收集器侧面(入口)、煤粉收集器出口管线,其作用是通过滤袋的压力降来监测煤粉收集器的性能,滤袋是否存在破损、脱落等情况。

图 4.29 煤粉收集器压差变送器

图 4.30 煤粉收集器入口温度及压力变送器

煤粉收集器的入口管线(来自磨煤机)上设置了 1 支温度变送器,量程为 -30~150 ℃;1 支压力变送器(图 4.31),最大工作压力为 0.062 MPa,校验量程为 -4~5 kPa,用于监测煤粉与惰性循环气混合物的温度及压力。煤粉收集器出口管线上同样设置了 1 支温度变送器(图 4.32),1 支压力变送器(图 4.33),检验量程为 -4~7 kPa,用于监测收尘后气体的温度及压力。另外,出口管线上安装了气体分析仪(图 4.34),用于监测循环气中的 CO 浓度、氧浓度。通过在线分析循环气中一氧化碳含量来检测煤粉是否发生自燃。

煤粉收集器底部共有 4 个锥斗,在每个锥斗上分别安装了 1 支温度变送器、1 支料位变送器(图 4.35),当内部出现超温和高料位时 DCS 会及时报警。在煤粉收集器锥部所在楼层(六层)安装了 1 台监控摄像头,可对设备的运行及煤粉是否泄漏进行监测监控。煤粉收集器位置的监测监控仪表如表 4.5 所示。

第4章 安全监测监控参数研究

图 4.31 煤粉收集器出口管线温度变送器及取样点

图 4.32 煤粉收集器出口管线压力变送器

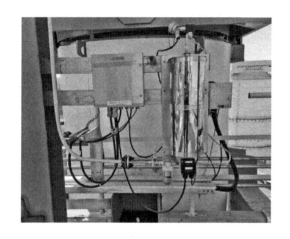

图 4.33 煤粉收集器出口管线气体分析仪

图 4.34 煤粉收集器锥部温度及料位变送器

图 4.35 纤维分离器(2)

表 4.5 煤粉收集器监测监控仪表

名称	型号	数量	楼层	安装位置	工况参数	量程
温度变送器	Pt100-385-3 线	4 支	6 层	煤粉收集器锥中部	介质：煤粉。温度：100～110 ℃	−30～150 ℃
料位变送器	音叉	4 支	6 层	煤粉收集器锥中部	介质：煤粉。温度：100～110 ℃	—
压差变送器	3051 型	1 支	7 层	位置：煤粉收集器顶部。取样点：① 煤粉收集器侧面（入口）；② 煤粉收集器出口管线	作用：检测滤袋是否破损或脱落。温度：100～110 ℃	最大量程为 1.9 MPa，检验量程为 0～5 kPa
温度变送器	Pt100-385-3 线	1 支	7 层	煤粉收集器出口管线	介质：收尘后惰性循环气体。温度：100～110 ℃	−30～150 ℃
压力变送器	3051 型	1 支	7 层	煤粉收集器出口管线	介质：收尘后热惰性气体。温度：100～110 ℃	最大量程为 0.062 MPa，检验量程为 −4～7 kPa
温度变送器	Pt100-385-3 线	1 支	7 层	煤粉收集器入口管线	介质：煤粉及热惰性气体。温度：100～110 ℃	−30～150 ℃
压力变送器	3051 型	1 支	7 层	煤粉收集器入口管线	介质：煤粉及热惰性气体。温度：100～110 ℃	最大量程为 0.062 MPa，检验量程为 −4～5 kPa
气体分析仪	PEPPERL+FUCHS	1 台	7 层	煤粉收集器出口管线	介质：热惰性气体。温度：100～110 ℃	CO：0～400 ppm。O_2：0～15%

4.1.1.6 纤维分离器、粉煤仓过滤器

煤粉收集器锥斗内的煤粉出出口的旋转给料阀排至螺旋输送机中，螺旋输送机再将煤粉输送至纤维分离器（图 4.36），每 2 个锥斗的煤粉输送至 1 台纤维分离器。螺旋输送机的设计温度为 130 ℃，纤维分离器的设计温度为 150 ℃，常压。纤维分离器的旁边为粉煤仓顶部的过滤器，设计温度为 150 ℃。纤维分离器将煤粉内的杂质、塑料等筛分出来，合格的煤粉流入下游输送工序。粉煤仓过滤器的原理为氮气脉冲反吹，由电磁阀控制气流脉冲。

旋转给料阀下部与螺旋输送机之间为软连接，存在

图 4.36 粉煤仓过滤器温度变送器

煤粉泄漏危险,且法兰连接处、轴承等处也存在煤粉泄漏危险。对于螺旋输送机与旋转给料阀,定期巡检法兰、插板阀及轴承,若损坏及时更换。粉煤仓过滤器安装了排空管,排空管中存在粉尘(粉尘含量正常值应在 20 mg/Nm³ 以下)。

粉煤仓过滤器与排空管连接处安装了 1 支 Pt100-4 线-双支温度变送器,量程为 0~300 ℃。粉煤仓过滤器氮气管线上安装了 1 支压力变送器(图 4.37),检验量程为 0~1 200 kPa。粉煤仓过滤器中部安装了 1 台防爆压差仪,用于检测布袋除尘器的性能、布袋是否破损等。

在纤维分离器所在楼层的西侧安装了 1 台监控摄像头,可以监控设备运行情况以及纤维分离器上方的软连接处是否发生煤粉泄漏等危险。粉煤仓过滤器位置的监测监控仪表如表 4.6 所示。

图 4.37 粉煤仓过滤器压差监测

表 4.6 粉煤仓过滤器监测监控仪表

名称	型号	数量	楼层	安装位置	工况参数	量程
温度变送器	Pt100-4 线-双支	1 支	5 层	粉煤仓过滤器与排空管线连接处	介质:惰性气体	0~300 ℃
压力变送器	3051 型	1 支	5 层	粉煤仓过滤器氮气管线	介质:氮气	0~1 200 kPa
防爆压差仪	—	1 台	5 层	粉煤仓过滤器中部(收尘布袋)	介质:氮气	0~5 kPa

4.1.1.7 粉煤仓

粉煤仓是备煤装置中大型钢壳式常压贮仓,设计压力为 -1.5~8 kPa(G),设计温度为 -19.9~180 ℃,介质为煤粉、二氧化碳和氮气。粉煤仓为立式圆筒结构,容积为 343.6 m³,上段为直径为 6 000 mm 的圆柱筒体(图 4.39),顶部为平顶,下段为锥形,采用圈座支撑,总高度约为 18 500 mm,属于常压容器。粉煤仓顶部有 3 个 DN800 防爆板,防爆板开启压力为 5 kPa。

粉煤仓顶部与纤维分离器的连接管线为软连接,存在煤粉泄漏危险。粉煤仓锥部与煤粉收集器之间连接有平衡管线(均压管路),平衡管线连接处存在煤粉泄漏的危险。

粉煤仓锥部安装了 3 支 WZPK2-2716 型温度变送器,呈环形均匀分布;还安装 2 支料位变送器,对粉煤仓料位低低位、低位报警(图 4.38)。粉煤仓筒体中部安装了 3 支温度变送器,筒体中上部安装了 2 支料位变送器,对粉煤仓料位高位、高高位报警。粉煤仓顶部安装了 1 支罗斯蒙特 3051 型压力变送器(图 4.39),用于监测粉煤仓内的压力,检验量程为 -10~10 kPa;同时安装了 1 台 SICK FW300 BFJ-Z 型防爆测尘仪,以激光对射的方式检测环境的粉尘浓度;还安装了1台磁氧分析仪,用于测试粉煤仓内的气体成分,去向为3层气体成分分析小屋。粉煤仓位置的监测监控仪表如表4.7所示。

图4.38 粉煤仓锥部温度及料位监测

图4.39 粉煤仓顶部压力变送器

表4.7 粉煤仓监测监控仪表(1)

名称	型号	数量	楼层	安装位置	工况参数	量程
温度变送器	WZPK2-2716	3支	3层	粉煤仓锥部	介质:煤粉。温度:85~105 ℃	−30~150 ℃
料位变送器	音叉	2支	3层	粉煤仓锥部	介质:煤粉。报警:L、LL	0~18 500 mm
温度变送器	Pt100-383-3线	3支	4层	粉煤仓中部	介质:煤粉。温度:85~105 ℃	−30~150 ℃
料位变送器	音叉	2支	4层	粉煤仓中上部	介质:煤粉。报警:H、HH	0~18 500 mm
压力变送器	罗斯蒙特3051型	1支	4层	粉煤仓顶部	介质:煤粉和N_2	−10~10 kPa
防爆测尘仪	SICK FW300 BFJ-Z	1台	4层	粉煤仓顶部	作用:环境粉尘浓度	0~100 mg/m^3
磁氧分析仪	PEPPERL+FUCHS	1台	4层	粉煤仓顶部	作用:测试粉煤仓内气体成分。去向:3层气体成分分析小屋	0~15%
分析仪	—	2个	3层	备煤区3层平台	作用:O_2、CO浓度分析	—

4.1.1.8 发送罐

煤粉气力输送采用正压密相脉冲输送方式,进料设备为发送罐。来自粉煤仓的煤粉经由插板阀、煤粉落料管、进料圆顶阀进入发送罐,2个发送罐出口合并为1条气流输送线,发送罐可以单独发送,也可以交替发送。发送罐及输送管线如图4.40所示。

图 4.40　发送罐及输送管线

发送罐发送端速度为 3.6 m/s,最远水平距离约为 150 m,设计温度为 150 ℃。发送罐氮气发送压力为 0.4 MPa,发送气体气源压力为 0.7 MPa。

发送罐上部连接管路存在软连接,由于工作压力较大,存在较大的煤粉泄漏危险。在烯烃厂以往生产中发生过一次很严重的煤粉泄漏,目前采取的措施为定期对发送罐底部软连接管线进行检查,停车后及时更换。

发送罐顶部安装了1支料位变送器(图4.41),用于监测发送罐内的煤粉量的料位;还安装了1支 EJA-530A 型压力变送器(图4.42),检验量程为 0~600 kPa。发送罐位置的监测监控仪表如表4.8所示。

图 4.41　发送罐顶部料位变送器　　**图 4.42　发送罐顶部压力变送器**

表4.8 发送罐监测监控仪表

名称	型号	数量	楼层	安装位置	工况参数	量程
料位变送器	音叉	1支	2层	发送罐顶部	介质：煤粉、N_2。温度：85～110 ℃	—
压力变送器	EJA-530A	1支	2层	发送罐顶部	介质：煤粉、N_2。温度：85～110 ℃	0～600 kPa

4.1.1.9 排空管

该煤制油化工工艺设置了"分析化验中心"，针对备煤装置对煤质及原煤仓过滤器、粉煤仓过滤器、循环气的排空进行粉尘含量分析测试。

分析设备包括自动振筛机、激光粒度测定仪、粉尘采样仪、煤质工业分析仪等。粉尘采样仪用于排空管内粉尘含量的测定，采样速度为60～130 L/min，分辨率为0.1 L/min。排空管采样点如图4.43所示。原煤仓过滤器排空管、粉煤仓过滤器排空管中气体的煤粉含量应小于或等于20 mg/Nm^3，循环气排空管中气体的煤粉含量均应小于或等于30 mg/Nm^3，排空管的压力均为常压。原煤仓过滤器排空管的温度为常温，粉煤仓过滤器排空管的温度为80 ℃，循环气排空管的温度为101 ℃。

图4.43 排空管采样点

4.1.2 煤粉加压输送工艺的监测监控仪表

煤粉加压输送工艺中包含的设备主要有粉煤仓、粉煤仓过滤器、减压过滤器、给料罐、给料罐过滤器、锁斗以及煤粉管线等，各个设备布置了压力、温度、料位、气体分析等监测点。

4.1.2.1 减压过滤器

煤粉加压输送工艺的减压过滤器(图4.44、图4.45)位于该工艺物理楼层的最高处12～13层，上部为柱状圆筒，下部为锥形。减压过滤器顶部安装了安全阀，安全阀连接了排空管。减压过滤器中的气体排放输送至低温甲醇洗管线，进入下个单元。

在2个锁斗进入减压过滤器的泄压管线入口位置各安装了1支温度变送器，量程为0～200 ℃。减压过滤器的顶部过滤平台上安装了3支压力变送器、1支压差变送器，压差变送器用于监测布袋收尘的性能、是否堵塞或破损等。减压过滤器顶部去低洗管线安装了1支防堵型多点多重文丘里管流量计、1支温度变送器、1支压力变送器。减压过滤器上部过滤平台安装了1支温度变送器，底部安装了2支料位变送器。减压过滤器位置的监测温控仪表如表4.9所示。

图 4.44 减压过滤器(2)

图 4.45 减压过滤器底部

表 4.9 减压过滤器监测监控仪表

名称	型号	数量	安装位置	工况条件	量程
温度变送器	Pt100-383-3 线	1 支	减压过滤器顶部去低洗管线	介质：N_2、CO_2、煤粉。设计压力：0.35 MPa。设计温度：60~95 ℃	0~200 ℃
压力变送器	3051 型	1 支	减压过滤器顶部去低洗管线	介质：N_2、CO_2、煤粉。设计压力：0.35 MPa。设计温度：60~95 ℃	最大工作压力：1.9 MPa。校验量程：0~250 kPa
防堵型多点多重文丘里管流量计	3051 型	1 支	减压过滤器顶部去低洗管线	介质：N_2、CO_2、煤粉。设计压力：0.35 MPa。设计温度：60~95 ℃	最大工作压力：1.9 MPa。校验量程：0~1.734 kPa
压力变送器	3051 型	3 支	减压过滤器顶部过滤平台	介质：N_2、CO_2、煤粉。设计压力：0.35 MPa。设计温度：60~95 ℃	最大工作压力：4 000 kPa。校验量程：0~500 kPa
压差变送器	3051 型	1 支	减压过滤器顶部过滤平台	设计压力：0.3~0.35 MPa。设计温度：60~95 ℃	检验量程：0~50 kPa
温度变送器	Pt100 单支	1 支	减压过滤器中上部过滤平台	设计压力：0.3~0.35 MPa。设计温度：60~95 ℃	0~500 ℃
温度变送器	Pt100-385-3 线	2 支	锁斗 A、B 泄压管线各 1 支	设计压力：0.3~0.35 MPa。设计温度：60~95 ℃	0~200 ℃
料位变送器	音叉	2 支	减压过滤器底部	设计压力：0.3~0.35 MPa。设计温度：60~95 ℃	—

4.1.2.2 粉煤仓

一区~六区粉煤仓(图 4.46、图 4.47)设计规格为 10 000 mm × 6 500 mm ×

13 227 mm，全容积为 495 m³；粉煤仓上部为方形，下部为 2 个锥斗，操作温度为 80 ℃，操作压力为 0.002 MPa(G)，设计温度为 120 ℃，设计压力为 −0.003 5/0.008 MPa(G)（最低设计压力/最高设计压力）。七区粉煤仓设计规格为 5 200 mm×10 400 mm，高度为 17 000 mm，全容积为 498 m³，操作温度为 80 ℃，操作压力为 0，设计温度为 150 ℃，设计压力为 0.008 MPa(G)。

图 4.46 粉煤仓上部

图 4.47 粉煤仓锥部

粉煤仓顶部收尘过滤器上安装了 2 块泄爆片，尺寸为 500 mm×500 mm，过滤器侧面中部安装了 1 支压差变送器，用于检测收尘布袋的堵塞或破损情况，过滤器的排空管上安装了 1 支温度变送器。粉煤仓的顶部安装了 3 支压力变送器，用于监测粉煤仓内部的压力值。粉煤仓上部侧面、锥部分别安装了高高报、高报、低报料位变送器，共 8 支。粉煤仓每个锥斗上安装了 2 支温度传感器，2 个锥斗共 4 支。粉煤仓顶部安装了 1 支氧含量气体分析仪，用于监测粉煤仓内的氧浓度，正常值应小于 2%。粉煤仓位置的监测监控仪表如表 4.10 所示。

表 4.10 粉煤仓监测监控仪表(2)

名称	型号	数量	安装位置	工况参数	量程
压差变送器	3051型	1支	粉煤仓收尘过滤器	操作压力：0.05~0.07 MPa。操作温度：80 ℃	最大工作压力：17.3 MPa。校验量程：0~3 kPa

(续表)

名称	型号	数量	安装位置	工况参数	量程
温度变送器	Pt100-385-4线	1支	粉煤仓过滤器与排空管连接处	操作压力：0.05～0.07 MPa。操作温度：80 ℃	0～300 ℃
氧含量气体分析仪	PEPPERL+FUCHS	1支	粉煤仓顶部	设计压力：−3.5～8 kPa。操作压力：2 kPa。设计温度：150 ℃。操作温度：80 ℃	0～15%
压力变送器	3051型	3支	粉煤仓顶部		最大工作压力：0.062 MPa。校验量程：−10～10 kPa
料位变送器	—	4支	粉煤仓上部侧面，2个高度	设计压力：−3.5～8 kPa。操作压力：2 kPa。设计温度：150 ℃。操作温度：80 ℃	高高报、高报
料位变送器	—	4支	粉煤仓锥部，每个锥斗2支		低报
温度变送器	Pt100-385-3线	4支	粉煤仓锥中部侧面，每个锥斗2支		0～200 ℃，运行实际值为81.3 ℃

4.1.2.3 锁斗

每条煤粉加压输送生产线上有2个锁斗(图4.48、图4.49)。锁斗的直径为3 600 mm，高度为10 850 mm，操作温度为80 ℃，设计温度为150 ℃，操作压力为5.2 MPa(G)，设计压力为6.2 MPa(G)。

图4.48 锁斗上部

图4.49 锁斗下部

每台气化炉的给料系统由1个粉煤仓、2个锁斗和1个给料罐组成。锁斗在常压条件下接收来自粉煤仓的煤粉,在充压后将煤粉输送至给料罐。锁斗利用高压 CO_2 提供的加压气体将锁斗加压至运行压力。加压气体的 2/3 必须从锁斗底部通过通气锥送入锁斗,以防止煤粉在加压过程中结块,小部分的气体从锁斗顶部送入加压。锁斗采用低低压蒸气进行伴热,以维持系统温度在 80 ℃ 左右。

每个锁斗的顶部分别安装了 3 支压力变送器、1 支温度变送器,压力变送器的校验量程为 0~6 000 kPa。锁斗 A、B 的充气器上分别安装了 1 支压力变送器,校验量程为 0~6 000 kPa。锁斗下料阀存在煤粉泄漏危险,目前采取定期检查锁斗下料阀体等措施,检修时更换阀体。锁斗位置的监测监控仪表如表 4.11 所示。

表 4.11 锁斗监测监控仪表

名称	型号	数量	安装位置	工况参数	量程
压力变送器	3051型	6支	锁斗顶部共2个锁斗,每个锁斗3支	设计压力:5.8 MPa。操作压力:5.2 MPa。设计温度:150 ℃。操作温度:90 ℃	最大工作压力:9.93 MPa。校验量程:0~6 000 kPa
压力变送器	3051型	2支	锁斗 A、B 充气器各1支	设计压力:5.8 MPa。操作压力:5.2 MPa。设计温度:150 ℃。操作温度:90 ℃	最大工作压力:13.8 MPa。校验量程:0~6 000 kPa
温度变送器	Pt100-385-3线	2支	锁斗中部,每个锁斗1支	设计压力:5.8 MPa。操作压力:5.2 MPa。设计温度:150 ℃。操作温度:90 ℃	0~200 ℃

4.1.2.4 给料罐

给料罐设计为侧出料方式,共有 4 根煤粉管线。煤粉的输送密度为 400 kg/m^3,这样仅需要少量的输送气体,给料罐的压力比气化炉的压力高 600 kPa。煤粉给料罐的直径为 5 200 mm,高度为 15 400 mm,操作温度为 80 ℃,设计温度为 150 ℃,操作压力为 5.2 MPa(G),设计压力为 6.2 MPa(G)。密相输送均采用特殊材料制造的球阀,该球阀具有高抗磨蚀和抗腐蚀性。

低压煤粉通过 2 个交替运行的锁斗实现连续地进入高压煤粉给料罐。通过密相气力输送系统,煤粉被加压并通过载气处于流态化状态。煤粉给料罐底部形成流化床,通过 4 根煤粉管线经主烧嘴进入气化炉反应室,在反应室中气化反应在高温火焰下进行。

给料罐的顶部安装了 3 支 3051 型压力变送器,给料罐的高压过滤器上安装了 1 支压差变送器,给料罐的中部安装了 1 支温度变送器。4 根煤粉管线易磨损,存在煤粉泄漏的危险,目前的措施为:每月测量一次,对发现产生磨损的弯头进行评估,判断能否继续使用,对磨薄的弯头立即进行更换。给料罐位置的监测监控仪表如表 4.12 所示,给料罐过滤器及给料罐上中底部见图 4.50~图 4.53。

表 4.12 给料罐监测监控仪表

名称	型号	数量	安装位置	工况参数	量程
压力变送器	3051型	3支	给料罐顶部	介质：CO_2、煤粉。操作压力：5.22 MPa。操作温度：90 ℃	最大工作压力：9.93 MPa。校验量程：0～6 000 kPa
温度变送器	Pt100-385-3线	1支	给料罐中部	介质：CO_2、煤粉。操作压力：5.22 MPa。操作温度：90 ℃	0～200 ℃
压差变送器	3051型	1支	给料罐高压过滤器	介质：气体＋煤粉。操作压力：4.8 MPa。操作温度：90 ℃	0～6 000 kPa

图 4.50 给料罐过滤器

图 4.51 给料罐上部

图 4.52 给料罐中部

图 4.53 给料罐底部

4.1.2.5 煤粉输送管线

煤粉加压输送工艺流程中,提高给料罐和气化炉之间的差压至 0.6 MPa。在 4 根煤粉输送管线上增加煤粉输送流量调节阀,以平衡压差,保证 4 根煤粉输送管线流量均衡。增加三通阀构成煤粉从给料器至粉煤仓的循环管线。新增的三通阀尽量靠近气化炉,设在氮塞阀组之前。新增煤粉循环线设有减压装置开关阀、压控阀,新增煤粉流量调节阀,设在一组密度计和速度计之前。开车前打开粉煤仓三通阀,煤粉循环经过减压装置泄入粉煤仓,在煤粉流量稳定后,采取以煤定氧的方式使 4 条煤粉输送管线依序分批投煤。将第一根煤粉输送管线三通阀导入气化炉,同时在煤粉输送管线中注入少量的 CO_2,以确保煤粉的流动性。

4.2 安全监测监控参数

煤制油项目安全运行需要监控的参数种类较多,包括压力、温度、煤粉料位、压差、煤粉流量、粉尘浓度等。针对煤粉泄漏、燃烧及爆炸防控的安全监测监控主要根据压力(压差)、温度、煤粉浓度、氧气浓度、CO 气体浓度等几个类别的参数进行分析研究,系统已安装了多种、多个监测仪表,但对煤粉泄漏、燃烧、爆炸等危险有害因素的监控并不完整。本章按煤粉制备工艺和煤粉加压输送工艺这两个部分分别对监测监控仪表及参数进行分析。

4.2.1 煤粉制备工艺的安全监测监控参数

4.2.1.1 压力

煤粉制备工艺中的各个设备及输送管线均存在压力监测。压力监测仪表包含压力变送器、压差变送器以及压力表等。根据资料以及现场调研结果可知,备煤系统每条煤粉生产干燥、输送生产线上压力变送器、压差变送器相对较多,主要用于监测设备的工况条件,保证系统正常运行、安全生产。

煤粉制备工艺中压力监测仪表安装的位置、数量及工况参数如表 4.13 所示。其中,系统工艺中用于防止煤粉泄漏的主要为磨煤机入口与密封氮气、密封空气的压差,如果不能达到密封条件,那么有可能造成煤粉泄漏;另外还有煤粉收集器与出口管道的双法兰压差变送器、粉煤仓过滤器双法兰压差变送器、原煤仓过滤器双法兰压差变送器等,用于监测收尘布袋是否存在破损、脱落等。

表 4.13 煤粉制备工艺压力监测监控参数

类型	安装位置	数量	介质	设计压力 /MPa	设计温度 /℃	操作压力 /MPa	操作温度 /℃	备注
压力变送器	磨煤机出口送粉管道	1 支	煤粉+惰性气体	−0.02~0.03	150	−0.002 6	110	已安装

(续表)

类型	安装位置	数量	介质	设计压力/MPa	设计温度/℃	操作压力/MPa	操作温度/℃	备注
压力变送器	粉煤仓顶部	1支	煤粉	0.03	150	−0.0015~0.008	80	已安装
压力变送器	煤粉收集器入口管道	1支	煤粉+惰性气体	−0.02~0.03	150	−0.0036	110	已安装
压力变送器	循环风机至热风炉管道	1支	循环气	−0.02~0.03	150	0.005	110	已安装
压力变送器	磨煤机入口热惰性气体管道	1支	热惰性气体	−0.02~0.03	350	0.004	290	已安装
压力变送器	煤粉收集器出口循环气管道	1支	循环气	−0.02~0.03	150	−0.005	110	已安装
压力变送器	循环风机出口管道	1支	循环气	0.03	150	0.053	110	已安装
双法兰压差变送器	磨煤机入口与密封氮气管道	3支	热惰性气体/密封氮气	0.03	320	0.01	290	已安装
双法兰压差变送器	磨煤机入口与密封空气管道	3支	热惰性气体/密封空气	0.03	320	0.01	290	已安装
压力变送器	发送罐顶部	1支	煤粉+氮气	0~0.6	<0.5	0.2	110	已安装
双法兰压差变送器	粉煤仓过滤器	1支	煤粉+惰性气体	0~0.005	80	0.003	110	已安装未监测
双法兰压差变送器	原煤仓过滤器	1支	煤粉+空气	0~0.005	环境温度	常压	常温	已安装未监测
双法兰压差变送器	煤粉收集器与出口管道	1支	煤粉+循环气	0~0.005	150	0~0.005	110	已安装

由表4.13中的压力监测点的工况参数可知,煤粉制备工艺中的操作压力除发送罐的发送压力为高压(0.2 MPa)外,其余煤粉制备工艺压力监测点的操作压力均为微正压或负压。现有的压力监测仪表位置及数量布置相对齐全、比较合理,能够保证煤粉制备工艺的正常运行。

在原煤仓过滤器、粉煤仓过滤器安装了双法兰压差变送器,主要检测进出口气体压差,从而检测布袋除尘器的过滤收尘性能。经现场调研及交流可知,这两处双法兰压差变送器为设备自带,不能在现场显示,也没有接入监测监控系统,即没有发挥实际作用。所以原煤仓过滤器、粉煤仓过滤器的双法兰压差变送器需要接入监测监控系统或重新设置,并根据现场经验设置报警控制指标。

4.2.1.2 温度

温度是保证系统正常运行,防止原煤或煤粉自燃、爆炸等事故发生的重要指标。原煤仓、粉煤仓、煤粉收集器内的温度监测主要用于防止储罐内煤粉或原煤自燃,当温度升高且氧气浓度达到一定条件时储罐内煤粉或原煤甚至会发生燃烧、爆炸事故。在煤粉制备工艺中,温度监测仪表的安装位置、数量、工况参数如表4.14所示。在煤粉制备工艺中温度监测的仪表分为就地温度计和温度变送器,就地温度计一般应用于低低压蒸气管线的温度监测,大部分工艺过程中采用一体化温度变送器,可将采集的温度数据远程传至中控室显示。

表4.14 煤粉制备工艺温度监测监控参数

名称	型号	数量	安装位置	工况参数	量程	备注
温度传感器	WZPK2-2716 双支式	3支	磨煤机顶部平台	介质:惰性气体及煤。温度:100~120 ℃	−200~600 ℃	已安装
温度变送器	Pt100-383-3线	3支	粉煤仓锥部	介质:煤粉。温度:85~105 ℃	−30~150 ℃	已安装
温度传感器	Pt100-383-3线	3支	粉煤仓中部	介质:煤粉。温度:85~105 ℃	−30~150 ℃	已安装
温度变送器	Pt100-4线-双支	1支	粉煤仓过滤器排空出口连接处	介质:惰性气体	0~300 ℃	已安装
温度变送器	Pt100-385-3线	1支	原煤仓锥部	介质:精煤。温度:常温	−30~100 ℃	已安装
温度变送器	Pt100-385-3线	2支	原煤仓中部	介质:精煤。温度:常温	−30~100 ℃	已安装
温度变送器	Pt100-385-3线	4支	煤粉收集器锥斗中部,共4个锥斗	介质:煤粉。温度:100~110 ℃	−30~150 ℃	已安装
温度变送器	Pt100-385-3线	1支	煤粉收集器出口管线	介质:收尘后热惰性气体。温度:100~110 ℃	−30~150 ℃	已安装
温度变送器	Pt100-385-3线	1支	煤粉收集器入口管线	介质:煤粉及热惰性气体。温度:100~110 ℃	−30~150 ℃	已安装
温度变送器	WZPK2-2716 双支式	1支	热风炉底部至磨煤机管线	介质:热惰性气体。温度:290~320 ℃	—	已安装
温度变送器	Pt100-385-3线	1支	循环风机至热风炉管线	介质:收尘后惰性气体。温度:70 ℃	−30~150 ℃	已安装

煤粉储存、输送的工艺温度远低于煤尘层最低着火温度、煤尘云最低着火温度,温度参数设置比较安全。但是,必须对设备及管路内的温度进行监测,防止操作不当造成温度升高;同时应对热惰性气体内的粉尘含量进行监测,防止高温造成煤尘层管壁或拐弯处沉积煤尘层自燃;另外对高温设备或管线表面进行日常巡查,防止泄漏造成沉积煤尘,引起局部煤粉自燃,造成火灾、爆炸事故。

现有的温度监测点相对较为齐全,在设备节点、循环气输送管线上均安设了温度传感器,布置比较合理。所以,现有温度传感器监测点的布置能够满足对系统工艺正常运行的监控要求。

4.2.1.3 煤粉浓度

煤粉浓度是系统工艺过程中需要监测的重要参数之一。煤尘层或煤尘云在一定的浓度及温度条件下会发生着火、自燃等危险事故,扩散到空气中的煤尘浓度达到一定水平后会发生爆炸事故。在煤粉的制备及加压输送工艺中存在着较多的泄漏点,对煤粉浓度的监测也是预防煤尘自燃或爆炸的基础和保障。

现有每个备煤区每条煤粉生产干燥、输送生产线上仅安装了 2 台粉尘分析仪,分别为:

① 在出循环风机的管线上安装了 1 台粉尘分析仪(21201AT0501),为插入式在线安装,用于出循环风机循环气含尘量分析,介质组分为惰性气体+少量煤粉,介质操作温度为 110 ℃,粉尘含量正常值小于 20 mg/Nm³,最大值为 30 mg/Nm³,测试点见图 4.54。

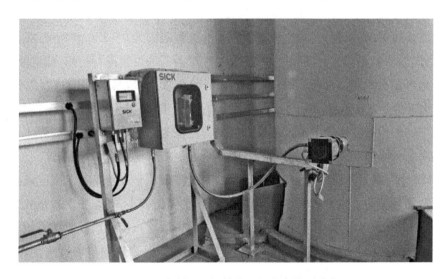

图 4.54　出循环风机管线上粉尘含量测试点

② 在粉煤仓顶部安装了 1 台粉尘分析仪(21201AT0601),为支架安装,用于粉煤仓上开放空间粉尘测量,介质组分为空气+煤粉,介质温度范围为 0~50 ℃,介质操作温度为常温,操作压力为常压,粉尘含量正常值小于 20 mg/Nm³,最大值为 30 mg/Nm³。

在整个系统工艺过程中每条备煤生产线粉尘监测点较少,而系统在实际运行过程中存在诸多严重或不可控煤粉泄漏危险位置,存在煤粉燃烧、爆炸等危险有害因素。根据煤尘基础理论测试结果以及现场条件,在煤粉泄漏量较大或泄漏频繁等危险程度大的区域设置煤尘浓度监测器。

根据工艺条件及存在的泄漏危险位置不同,煤粉浓度的监测仪表可分为低浓度粉尘传感器、高浓度粉尘传感器两种。低浓度粉尘传感器主要用于监测环境或管线中的煤粉浓度;高浓度粉尘传感器主要安装在泄漏危险位置附近区域,用于监测泄漏后环境中的煤粉浓度。

根据该煤制油项目煤粉制备工艺存在的泄漏危险位置,按需要增设粉尘浓度传感器进行泄漏监测,传感器均与监测监控系统连接,当浓度超标时,发出报警信号。需要增设的粉尘浓度传感器主要有:

① 皮带输送机区域的犁式卸料器卸煤口在原煤配送及落煤过程中容易造成煤粉扬尘,当煤粉浓度达到一定值时有可能造成火灾、爆炸事故,所以在卸煤口的上方安设粉尘浓度传感器(低浓度),以监测环境中煤尘浓度,每条生产线 2 支,粉尘浓度传感器的量程范围为 $0 \sim 1\,000\ mg/Nm^3$。

② 煤粉收集器的人孔位置容易误操作造成泄漏,以及旋转给料阀的下方软连接处易磨损造成煤粉泄漏。煤粉收集器所在六层位置是泄漏危险区域,且为相对密闭空间,比较容易形成爆炸极限浓度范围内的煤尘云,因此需要对环境中煤尘浓度进行实时监测。在煤粉收集器锥斗的 4 个人孔、4 处旋转给料阀下部软连接(橡胶膨胀节)的中间位置安装 1 台粉尘浓度传感器(高浓度)。粉尘浓度传感器的量程范围为 $0 \sim 150\ g/Nm^3$,接入监测监控系统,当煤尘浓度超限时启动喷淋装置降尘,并对泄漏的位置进行检修,或更换软连接。

③ 2 台纤维分离器上方与管路连接处分别存在软连接,易磨损造成煤粉泄漏。在 2 台纤维分离器上方软连接的中间位置安装 1 台粉尘浓度传感器(高浓度),用于监测泄漏后环境中的粉尘浓度。粉尘浓度传感器的量程范围为 $0 \sim 150\ g/Nm^3$,当煤尘浓度超限时启动喷淋装置降尘,并对泄漏的位置进行检修,或更换软连接。

④ 纤维分离器下方粉煤仓的顶部存在 2 处软连接、3 个防爆板。在该区域内已经安设了 1 台监测环境粉尘浓度的粉尘分析仪,但量程范围比较小,在煤粉泄漏量较大时超量程,无法监测。在该区域增设 1 台粉尘浓度传感器(高浓度),接入监测监控系统。粉尘浓度传感器的量程范围为 $0 \sim 150\ g/Nm^3$,当煤尘浓度超限时启动喷淋装置降尘,并对存在泄漏的位置进行检修,或更换软连接。

⑤ 在粉煤仓锥部的下侧存在软连接,易磨损造成煤粉泄漏。在软连接附近区域安设了 1 台粉尘浓度传感器(高浓度),用于监测泄漏后环境中的粉尘浓度。粉尘浓度传感器的量程范围为 $0 \sim 150\ g/Nm^3$,当煤尘浓度超限时启动喷淋装置降尘,并对存在泄漏的位置进行检修,或更换软连接。

⑥ 在发送罐上方管路连接处存在软连接,易磨损造成煤粉泄漏,在软连接附近区域安设了1台粉尘浓度传感器(高浓度),用于监测泄漏后环境中的粉尘浓度。粉尘浓度传感器的量程范围为 0~150 g/Nm³,当煤尘浓度超限时启动喷淋装置降尘,并对存在泄漏的位置进行检修,或更换软连接。

在备煤系统原煤仓过滤器排空管、粉煤仓过滤器排空管中排放的气体含有一定浓度的煤粉,含量较低,正常值均小于 20 mg/Nm³,远低于煤粉爆炸下限。排空管上设置了煤粉含量分析采样点,日常管理人员应严格按照规定定期进行采样分析;巡检人员应观察排空管口排放气是否有变黑现象,若出现异常则应对原煤仓过滤器、粉煤仓过滤器中的除尘布袋进行检修。粉尘浓度监测监控参数见表 4.15。

表 4.15 粉尘浓度监测监控参数

名称	型号	数量	安装位置	介质	工况条件	量程	备注
粉尘分析仪	FW-100/FW-300	1台	出循环风机至热风炉管线	惰性气体+煤粉	压力:0.006 4 MPa(G)。温度:110 ℃	0~100 mg/Nm³	已安装
粉尘分析仪	FW-100/FW-300	1台	粉煤仓顶部	环境粉尘	环境压力、环境温度	0~100 mg/Nm³	已安装
粉尘浓度传感器(低浓度)	CCGZ-1000	2台	备煤区皮带输送机犁式卸料器的卸煤口	环境煤粉浓度	环境压力、环境温度	0~1 000 mg/Nm³	新增
粉尘浓度传感器(高浓度)	BFC-1	1台	煤粉收集器锥部人孔、旋转给料阀软连接的中间位置	环境粉尘	环境压力、环境温度	0~150 g/Nm³	新增
粉尘浓度传感器(高浓度)	BFC-1	1台	纤维分离器上方软连接的中间位置	环境粉尘	环境压力、环境温度	0~150 g/Nm³	新增
粉尘浓度传感器(高浓度)	BFC-1	1台	粉煤仓顶部平台上(防爆板与软连接)	环境粉尘	环境压力、环境温度	0~150 g/Nm³	新增
粉尘浓度传感器(高浓度)	BFC-1	1支	粉煤仓锥部的软连接位置	环境粉尘	环境压力、环境温度	0~150 g/Nm³	新增
粉尘浓度传感器(高浓度)	BFC-1	1支	发送罐上方软连接位置	环境粉尘	环境压力、环境温度	0~150 g/Nm³	新增

用于监测环境中煤粉含量的高浓度粉尘传感器的监测信号接入监测监控系统后,高浓度粉尘传感器与水雾喷淋装置形成主动控制。当存在泄漏,检测到环境中煤粉浓度超标时,监控系统发出报警信号,立即启动触发水雾喷淋装置开关,对泄漏位置喷淋降尘。

4.2.1.4 氧气浓度

为保证安全,煤粉在生产、干燥、输送过程中必须在惰性气体环境下进行,根据设计要求,氧气在必要的设备及管线内的浓度应控制在8%以下。在工艺过程中煤粉、高温条件都是客观存在的,从爆炸或燃烧要素的角度分析,控制氧气浓度则是防止燃烧或爆炸事故发生的重要因素。所以,在整个系统中尤其是存在燃烧、爆炸危险的位置必须严格控制氧气浓度。

备煤系统中采用磁氧分析仪(图4.55)监测监控生产及输送过程中的氧气浓度。煤粉制备工艺中每条煤粉生产线共有3个氧浓度采样点、3台磁氧分析仪。3个采样点分别位于热风炉出口至磨煤机管线上(图4.56)、煤粉收集器出口管线上(图4.57)、粉煤仓顶部(图4.58)。采样点通过管路进入备煤厂区3层的分析小屋内(图4.59),3台1900/SERVOMEX磁氧分析仪安装于该分析小屋内。

图4.55 磁氧分析仪

图4.56 热风炉出口管线磁氧分析仪

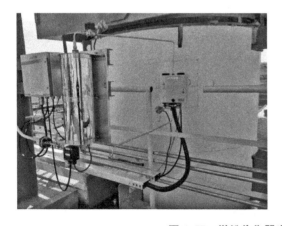

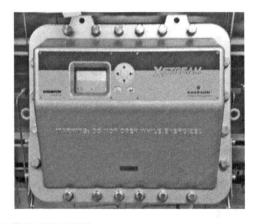

图4.57 煤粉收集器出口管线磁氧分析仪

图 4.58 粉煤仓顶部磁氧分析仪

图 4.59 备煤厂区分析小屋

热风炉至磨煤机管线上的热惰性气体磁氧分析仪采样介质工艺的最小压力为 0.004 5 MPa(G),最小温度为 290 ℃。用于煤粉收集器出口含氧量分析的磁氧分析仪采样介质工艺的最小压力为-0.005 1 MPa(G),温度为 110 ℃。用于粉煤仓顶部含氧量分析的磁氧分析仪采样介质工艺的压力为 0.003 MPa(G),设计温度为 110 ℃,分析气体的氧含量正常应小于 7%,氮气的含量正常为 93%。磁氧分析仪的量程为 0~15%,精度为满量程的 1.50%。

现有的氧气浓度监测点仅有 3 个,数量少,不能满足系统安全要求。煤粉收集器内煤粉与惰性气体的环境温度较高,且主要为氮气,在日常设备检修时,煤粉收集器人孔打开,人员进入煤粉收集器,若氧气浓度不够则会出现窒息等危险,为保障检修过程中人员安全,需要增设氧浓度传感器。

原煤仓过滤器、粉煤仓过滤器中由于布袋的收尘作用,采用氮气进行脉冲反吹。在设备检修过程中,收尘过滤器打开,检修人员进入过滤器内,若内部氧气浓度不够则会出现窒息等危险,为保障检修过程中人员安全,需要增设氧浓度传感器,对检修过程进行监控。氧气浓度监测监控参数如表 4.16 所示。

表 4.16 氧气浓度监测监控参数

名称	型号	数量	安装位置	介质	工况条件	监测范围	备注
磁氧分析仪		1台	热风炉出口至磨煤机管线	热惰性气体	压力: 0.004 5 MPa(G),温度: 290~320 ℃	氧含量正常小于 7%,最大为 9%	已安装
磁氧分析仪	1900/SERVOMEX	1台	煤粉收集器出口至循环风机管线	循环气+煤粉	压力: -0.005 1 MPa(G),温度: 110 ℃	氧含量正常小于 7%,最大为 9%	已安装
磁氧分析仪		1台	粉煤仓顶部	煤粉+氮气	0.003 MPa(G),设计温度为 110 ℃	氧含量正常小于 7%,最大为 9%	已安装

(续表)

名称	型号	数量	安装位置	介质	工况条件	监测范围	备注
氧浓度传感器	GYH25	1支	煤粉收集器顶部	循环气+煤粉	压力：-0.0036 MPa(G)，温度：110 ℃	0~25%	新增
氧浓度传感器	GYH25	1支	粉煤仓过滤器上部	循环气+煤粉	温度：80~105 ℃	0~25%	新增
氧浓度传感器	GYH25	1支	原煤仓过滤器上部	空气+煤粉	环境温度	0~25%	新增

① 煤粉收集器安设了多个人孔，在打开煤粉收集器检修时，为防止检修人员进入煤粉收集器内出现窒息危险，在煤粉收集器的顶部安设了1台氧浓度传感器，以监测检修过程中煤粉收集器内的氧气浓度，实现实时就地显示。

② 原煤仓过滤器在日常打开设备检修过程中，为防止检修人员进入原煤仓过滤器内出现窒息危险，在原煤仓过滤器上部安设了1台氧浓度传感器，以检测内部氧气浓度，实现实时就地显示。

③ 粉煤仓过滤器在日常打开设备检修过程中，为防止检修人员进入粉煤仓过滤器内出现窒息危险，在粉煤仓过滤器上部安设了1台氧浓度传感器，以检测内部氧气浓度，实现实时就地显示。

新增的氧浓度传感器主要用于设备检修过程中的安全监测，保证检修人员作业安全，需要实时显示现场氧气浓度。

4.2.1.5 CO气体浓度

原煤自燃以及热风炉的燃料气不充分燃烧产生了CO，可通过检测CO气体浓度来监测设备储罐或管线内煤粉是否发生自燃。由于系统处于封闭环境，而且伴随着热惰性气体、热氮气，对CO气体浓度进行监测是十分必要的，一旦煤粉发生自燃，则可能会引发严重的燃烧、爆炸事故，中断生产。另外，CO具有较强的还原性，在一定条件下可能发生燃烧事故，而且对人体有毒。

目前，煤粉制备工艺每条生产线上有1个CO气体采样点，采样气体通过管路连接至备煤区3层分析小屋内。在分析小屋内对应有1台红外分析仪，系统采用红外分析仪在线采集、分析气体含量的方式监测CO的含量。现有的CO监测点位于煤粉收集器出口至循环风机管线上。监测采样点的介质温度为110 ℃，压力为-0.0051 MPa(G)。红外分析仪测量CO气体浓度的量程为0~1000 ppm，正常含量为10 ppm，精度为满量程的1.5%。采样后采用X-Stream NDIR/EMERSON一氧化碳红外分析仪分析和检测CO的浓度。

整个煤粉制备工艺中存在多处原煤或煤粉堆积点，因此可能发生煤尘自燃事故的位置均需要监测CO气体浓度。除在现有的煤粉收集器至循环风机管线上设置监测点外，还应在原煤仓顶部、煤粉收集器上部、原煤仓过滤器上部、粉煤仓过滤器上部、粉煤仓顶部、热风炉出口管线等位置设置 CO 气体浓度监测点，CO 气体浓度监测值需能够在线显示。CO 气体浓度监测监控参数如表 4.17 所示。

表 4.17 CO 气体浓度监测监控参数

名称	型号	数量	安装位置	楼层	介质	工况条件	监测范围	备注
红外分析仪	X-Stream NDIR/EMERSON	1 台	煤粉收集器至循环风机管线	7 层	循环气+煤粉	压力：-0.005 1 MPa(G)。温度：110 ℃	0～1 000 ppm	已安装
CO 浓度传感器	GTH1000	1 支	煤粉收集器上部	7 层	循环气+煤粉	压力：-0.003 6 MPa(G)。温度：110 ℃	0～1 000 ppm	新增
CO 浓度传感器	GTH1000	1 支	粉煤仓过滤器上部	5 层	氮气+煤粉	温度：80～105 ℃。微正压	0～1 000 ppm	新增
CO 浓度传感器	GTH1000	1 支	原煤仓过滤器上部	5 层	空气+煤粉	环境温度	0～1 000 ppm	新增
CO 浓度传感器	GTH1000	1 支	原煤仓顶部	5 层	原煤+空气	环境压力、环境温度	0～1 000 ppm	新增
CO 浓度传感器	GTH1000	1 支	粉煤仓顶部	3 层	氮气+煤粉	微正压，温度：85～110 ℃	0～1 000 ppm	新增
CO 浓度传感器	GTH1000	1 支	热风炉出口管线	小 2 层	热惰性气体	压力：0.004 MPa(G)。温度：290～320 ℃	0～1 000 ppm	新增

① 煤粉收集器内的压力为负压，且安装了多个泄爆板及人孔，当泄爆板或人孔打开时可能造成氧气进入煤粉收集器内。同时，在日常打开煤粉收集器检修时，氧气浓度增加，可能会发生煤粉或收尘布袋自燃等危险。所以，在煤粉收集器上部安设了 1 台 CO 浓度传感器，以监测收集器内的 CO 气体浓度。

② 原煤仓过滤器在日常打开检修过程中或泄爆片泄漏时，氧气进入收集器内，氧气浓度增加，可能发生煤粉或收尘布袋自燃等危险，所以在原煤仓过滤器上部安设了 1 台 CO 浓度传感器。

③ 粉煤仓过滤器在日常打开检修过程中或泄爆片泄漏时，氧气进入收集器内，氧气浓度增加，可能发生煤粉或收尘布袋自燃等危险，所以在粉煤仓过滤器上部安设了 1 台 CO 浓度传感器。

④ 粉煤仓的设计压力为 -1.5～8 kPa(G)，设计温度为 -19.9～180 ℃。粉煤仓为煤粉储存容器，有大量煤粉堆积，有发生煤粉自燃的危险性。所以在粉煤仓顶部安设了 1 台 CO 浓度传感器，以监测粉煤仓内的 CO 气体浓度，进而分析粉煤仓内的煤粉是否自燃。

CO 浓度传感器的监测范围为 0~1 000 ppm。

⑤ 原煤仓为常温常压储存容器，内部堆积了大量的原煤及煤粉颗粒，由于氧气浓度较高，有发生煤粉自燃的危险。所以在原煤仓顶部安设了 1 台 CO 浓度传感器，以监测原煤仓内的 CO 气体浓度，进而分析原煤仓内的煤粉是否自燃。CO 浓度传感器的监测范围为 0~1 000 ppm。

⑥ 热风炉为燃料气燃烧单元，当燃烧不完全时会造成热惰性气体中含有大量 CO 气体，CO 进入下游装置后有自燃或燃烧爆炸危险；监测循环气的 CO 气体浓度，可判断是否存在煤粉自燃危险。所以，在热风炉出口管线上安设了 1 台 CO 浓度传感器，以监测热风炉出口后热惰性气体的 CO 气体浓度。热惰性气体的温度为 290~320 ℃，压力为 0.004 MPa(G)，CO 浓度传感器的监测范围为 0~1 000 ppm。

新增 CO 浓度传感器主要用于过滤器检修时监测以及系统工艺运行时监测。过滤器检修时监测 CO 浓度主要是为了保证检修作业时人员的安全，系统工艺运行时监测 CO 浓度主要是为了防止煤粉自燃及热风炉不完全燃烧，保障系统安全运行。

4.2.1.6 其他气体监测

煤粉制备工艺存在的易燃、有毒有害气体除 CO 之外，其他主要为天然气、H_2。存在的区域主要为热风炉区，这是因为热风炉为燃料气的燃烧设备。在试生产时燃料气主要为天然气，在正式投料生产时燃料气为来自下游装置的混合燃料气，主要成分就是 H_2 和 CO。

在每条煤粉生产线的热风炉区安装了可燃/有毒有害气体检测器，以监测环境中的可燃/有毒有害气体，被测气体(燃料气)的成分为 H_2：67.4%、CO：29.2%。在热风炉的顶部安装了 1 支一氧化碳有毒气体检测器(21201AT0001A)，检测方式为连续扩散式检测，检测范围是 0~100 ppm。热风炉顶部同时安装了 1 支氢气气体检测器(21201AT0001B)，检测方式为连续扩散式检测，检测范围为 0~100% LEL。H_2 气体检测器和 CO 气体监测器如图 4.60、图 4.61 所示。

图 4.60 H_2 气体检测器

图 4.61 CO 气体检测器

天然气仅在试生产时使用,不需要安装监测仪表,在试生产使用时应检测输送气管路连接处的密封性,防止泄漏,在巡检中使用便携式 CH_4 浓度传感器检测环境中是否含有 CH_4 气体。所以,不需要再布置其他有毒有害气体监测仪表。

4.2.2 煤粉加压输送工艺的安全监测监控参数

煤粉加压输送工艺中包含的设备主要有粉煤仓、粉煤仓过滤器、减压过滤器、给料罐、给料罐过滤器、锁斗以及煤粉输送管线等。煤粉加压输送工艺多处于高压环境,为保证系统正常安全运行,各工艺节点安装了压力、压差、温度、料位等监测监控仪表,但用于监控煤粉泄漏、自燃等危险的仪表较少,现对煤粉加压输送工艺中的监测监控仪表及参数分别进行分析。

4.2.2.1 压力

该工艺单元内除减压过滤器、粉煤仓为低压设备外,其余锁斗、给料罐以及煤粉输送管线均为高压设备。根据资料以及现场调研情况,与工艺安全及泄漏预控相关的压力监测监控仪表参数如表 4.18 所示。

表 4.18 煤粉加压输送工艺压力监测监控参数

名称	型号	数量	安装位置	工况参数	量程	备注
压力变送器	3051型	1支	减压过滤器顶部去低洗管线	N_2、CO_2、煤粉;设计压力:0.35 MPa,设计温度:60~95 ℃	最大工作压力:1.9 MPa,校验量程:0~250 kPa	已安装
压差变送器(文丘里流量计)	3051型	1支	减压过滤器顶部去低洗管线	N_2、CO_2、煤粉;设计压力:0.35 MPa,设计温度:60~95 ℃	最大工作压力:1.9 MPa,校验量程:0~1.734 kPa	已安装
压力变送器	3051型	3支	减压过滤器中上部过滤平台	N_2、CO_2、煤粉;设计压力:0.35 MPa,设计温度:60~95 ℃	4 000 kPa,校验量程:0~500 kPa	已安装
压差变送器	3051型	1支	减压过滤器顶部过滤平台	N_2、CO_2、煤粉;设计压力:0.3~0.35 MPa,设计温度:60~95 ℃	检验量程:0~50 kPa	已安装
压差变送器	3051型	1支	粉煤仓收尘过滤器	操作压力:0.05~0.07 MPa,操作温度:80 ℃	最大工作压力:17.3 MPa,校验量程:0~3 kPa	已安装
压力变送器	3051型	3支	粉煤仓顶部	设计压力:−3.5~8 kPa,操作压力:2 kPa,设计温度:150 ℃,操作温度:80 ℃	最大工作压力:0.062 MPa,校验量程:−10~10 kPa	已安装
压力变送器	3051型	6支	煤粉锁斗顶部共2个锁斗,每个锁斗3支	设计压力:5.8 MPa,操作压力:5.2 MPa,设计温度:150 ℃,操作温度:90 ℃	最大工作压力:9.93 MPa,校验量程:0~6 000 kPa	已安装

(续表)

名称	型号	数量	安装位置	工况参数	量程	备注
压力变送器	3051型	2支	锁斗底部充气器	设计压力：5.8 MPa，操作压力：5.2 MPa，设计温度：150 ℃，操作温度：90 ℃	最大工作压力：13.8 MPa，校验量程：0～6 000 kPa	已安装
压力变送器	3051型	3支	给料罐顶部	CO_2、煤粉；操作压力：5.22 MPa，操作温度：90 ℃	最大工作压力：9.93 MPa，校验量程：0～6 000 kPa	已安装

煤粉加压输送工艺中的设备均处于高压且相对密闭的工作环境，在减压过滤器、粉煤仓过滤器等处需要重点对收尘布袋进出口压差进行监测，已安装相应的监测仪表，现有的压力监测点位置及仪表数量布置合理。

4.2.2.2 温度

煤粉在输送过程中均需要伴热，温度降低时，气体中的水蒸气容易凝结，因此对粉煤仓、减压过滤器、排空管的温度进行监测相当重要。温度监测点主要分布位置及工况参数如表4.19所示。

表4.19 煤粉加压输送工艺温度监测监控参数

名称	型号	数量	安装位置	介质	工况参数	量程	备注
温度变送器	Pt100-385-3线	1支	减压过滤器顶部去低洗管线	排放气、N_2、CO_2	设计压力：0.35 MPa。设计温度：100 ℃	−50～100 ℃	已安装
温度变送器	Pt100双支	1支	减压过滤器中上部过滤平台	煤粉+N_2、CO_2	设计压力：0.3～0.35 MPa。设计温度：60～95 ℃	0～500 ℃	已安装
温度变送器	Pt100-385-3线	2支	锁斗A、B泄压管线各1支	煤粉+气体	设计压力：0.3～0.35 MPa。设计温度：60～95 ℃	0～200 ℃	已安装
温度变送器	Pt100-385-4线	1支	粉煤仓过滤器与排空管连接处	煤粉+N_2、CO_2	操作压力：0.05～0.07 MPa。操作温度：80 ℃	0～300 ℃	已安装
温度变送器	Pt100-385-3线	4支	粉煤仓锥中部侧面，每个锥部2支	煤粉+N_2、CO_2	设计压力：−3.5～8 kPa。操作压力：2 kPa。设计温度：150 ℃。操作温度：80 ℃	0～200 ℃ 运行实际值为81.3 ℃	已安装
温度变送器	Pt100-385-3线	2支	煤粉锁斗中部，每个锁斗1支	煤粉+气体	设计压力：5.8 MPa。操作压力：5.2 MPa。设计温度：150 ℃。操作温度：90 ℃	0～200 ℃	已安装
温度变送器	Pt100-385-3线	1支	给料罐中部	CO_2、煤粉	操作压力：5.22 MPa。操作温度：90 ℃	0～200 ℃	已安装

系统中设置温度监测点主要是保证工艺的安全运行,防止煤粉自燃,防止温度变化形成露点造成水分增加、煤粉凝结,防止因温度变化造成设备压力的变化。整个工艺均为煤粉堆积或输送设备,粉煤仓为静设备,其余均为动设备。在粉煤仓、减压过滤器、锁斗、给料罐等设备均已安装了温度变送器,因此温度监测点的位置及仪表数量布置合理,且整个过程中严格控制氧气含量,相对比较安全。

4.2.2.3 煤粉浓度

煤粉加压输送工艺的泄漏点一般存在于减压过滤器的气体排出管线、顶部泄爆板及安全阀,粉煤仓过滤器排空管线、侧面泄爆片,粉煤仓顶部防爆板,煤粉输送管线,高压设备的法兰连接处等。在一区~六区中煤粉加压输送工艺中均没有安装粉尘分析仪或煤尘浓度传感器。所以,需要在该单元工艺增设煤尘浓度的监测点。

煤尘浓度的监测主要采用低浓度或高浓度粉尘传感器。低浓度粉尘传感器主要用于监测环境或管线中的煤粉浓度,高浓度粉尘传感器主要用于监测泄漏后环境中的煤粉浓度。

需要增设的煤尘浓度监测点为:

① 在减压过滤器气体出口至低洗管线上安装 1 台低浓度粉尘传感器,以监测排出气体中的煤粉浓度,量程为 0~100 mg/Nm^3;同时检测减压过滤器内收尘布袋的收尘性能,为下一单元提供合格气体,避免危险因素的产生。

② 在粉煤仓顶部区域安装 1 台高浓度粉尘传感器,以监测环境中的煤粉浓度,防爆板一旦打开,环境中的煤粉浓度会急剧升高,因此需要高浓度粉尘传感器,量程为 0~150 g/Nm^3。

在煤粉加压输送工艺中粉煤仓过滤器排空管、给料罐过滤器排空管中排放的气体含有一定浓度的煤粉,浓度较低,远低于煤粉爆炸下限浓度。应在排空管上设置煤粉浓度分析采样点,日常管理人员应严格按照规定定期进行采样分析;巡检人员应观察排空管口排放气是否有变黑现象,若出现异常则应对过滤器的布袋或滤棒进行检修。煤粉浓度监测监控参数如表 4.20 所示。

表 4.20 煤粉浓度监测监控参数

名称	型号	数量	安装位置	介质	工况条件	监测参数	备注
粉尘浓度传感器(低浓度)	GCG500	1 台	减压过滤器出口至低洗管线	排放气、N_2、CO_2	设计压力:0.35 MPa。设计温度:60~95 ℃	煤粉浓度,0~100 mg/Nm^3	新增
粉尘浓度传感器(高浓度)	BFC-1	1 台	粉煤仓顶部	环境粉尘	环境压力、环境温度	煤粉浓度,0~150 g/Nm^3	新增

4.2.2.4 氧气浓度

煤粉加压输送工艺中采用二氧化碳作为加压输送、保护气体,试生产时采用氮气。煤粉收集器及过滤器采用氮气进行反吹。设备或储罐中气体的氧浓度低，监测点布置较少，仅在粉煤仓过滤器排放气位置设计布置了1台氧含量分析仪。氧气为煤尘自燃、爆炸等的必要因素，因此必须控制系统工艺中的氧浓度。

而且，减压过滤器、粉煤仓过滤器采用氮气进行脉冲反吹，在设备检修过程中，收尘过滤器打开，检修人员进入过滤器内，若内部氧气浓度不够则会出现窒息危险，为保障检修过程中人员安全，需要增设氧浓度传感器，对检修过程进行监控。氧气浓度监测监控参数如表4.21所示。

表4.21 氧气浓度监测监控参数

名称	型号	数量	安装位置	楼层	介质	工况条件	监测参数	备注
氧含量分析仪	—	1台	粉煤仓过滤器排放气位置	11层	N_2、CO_2	操作压力：0～0.008 MPa。操作温度：80 ℃	排放气氧含量小于2%	已安装
氧浓度传感器	GYH25	1台	粉煤仓过滤器上部	11层	N_2、CO_2+煤粉	操作压力：0.05～0.07 MPa。操作温度：80 ℃	氧气浓度，0～25%	新增
氧浓度传感器	GYH25	1台	减压过滤器上部	13层	N_2、CO_2+煤粉	设计压力：0.35 MPa。设计温度：60～95 ℃	氧气浓度，0～25%	新增

① 在粉煤仓过滤器上部设置1个氧浓度监测点，重点对过滤器检修打开过程中的氧气浓度进行监测，防止检修人员进入过滤器内因氧气浓度不足造成窒息。

② 在减压过滤器上部安装1台氧浓度传感器，重点对减压过滤器设备检修打开过程中的氧气浓度进行监测，防止检修人员进入过滤器内因氧气浓度不足造成窒息。

减压过滤器上部、粉煤仓过滤器上部设置的氧气浓度传感器主要用于设备检修过程中的安全监测，需要实时显示现场氧气浓度。

4.2.2.5 CO气体浓度

整个煤粉加压输送工艺中存在多处煤粉堆积点，因此对可能发生煤尘自燃危险的位置均需要监测CO气体浓度。现场并没有设置CO气体浓度监测点，因此在氧含量增加、煤粉堆积的可能位置需增加监测点。根据工艺条件，应在减压过滤器上部、粉煤仓顶部、粉煤仓过滤器上部分别设置1个CO气体浓度监测点，在合适的位置安装CO浓度传感器。CO气体浓度监测监控参数如表4.22所示。

表4.22 CO气体浓度监测监控参数

名称	型号	数量	安装位置	楼层	介质	工况条件	监测参数	备注
CO浓度传感器	GTH1000	1台	减压过滤器上部	13层	N_2、CO_2+煤粉	操作压力：0.05～0.07 MPa。操作温度：80 ℃	CO浓度，0～1 000 ppm	新增

(续表)

名称	型号	数量	安装位置	楼层	介质	工况条件	监测参数	备注
CO浓度传感器	GTH1000	1台	粉煤仓顶部	11层	N_2、CO_2+煤粉	设计压力：0.35 MPa，设计温度：100 ℃	CO浓度，0~1 000 ppm	新增
CO浓度传感器	GTH1000	1台	粉煤仓过滤器上部	11层	N_2、CO_2+煤粉	设计压力：0.35 MPa，设计温度：60~95 ℃	CO浓度，0~1 000 ppm	新增

① 在减压过滤器上部安设 1 台 CO 浓度传感器，用于监测减压过滤器运行及检修打开时内部的煤粉及收尘布袋是否发生自燃，也为低温甲醇洗工艺提供合格的气体。

② 粉煤仓为煤粉的储存设备，有大量煤粉堆积储存，因此需要在粉煤仓顶部安设 1 台 CO 浓度传感器，用于监测粉煤仓内是否会发生自燃等。

③ 在粉煤仓过滤器上部设置 1 个 CO 气体浓度监测点，安设 1 台 CO 浓度传感器，对过滤器检修打开时 CO 气体浓度进行监测，预防煤粉或收尘布袋自燃及检修过程中工作人员吸入 CO 气体中毒。

4.3 安全监测监控参数的控制指标分析

4.3.1 安全监测监控参数控制指标（已安装设备）

（1）压力

煤粉制备及加压输送工艺中为保证系统正常运行已安装压力变送器，在监测监控系统中监测的压力参数及 DCS 报警值如表 4.23 所示。

表 4.23 压力参数控制指标数据表

描述	数量	单位	量程	正常值	高高报	高报	低报	低低报
磨煤机进出口压差	1个	kPa	0~10	5.6	7	6	4.2	—
磨煤机入口热惰性气体压力	1个	kPa	−3~8	3	—	6	—	—
磨煤机出口压力	1个	kPa	−4~5	−2.6	—	−0.6	−3.6	—
密封氮气与循环风的压差	1个	kPa	0~5	≥2	—	—	2	1.5
密封空气与循环风的压差	1个	kPa	0~5	≥2	—	—	2	1.5

(续表)

描述	数量	单位	量程	正常值	高高报	高报	低报	低低报
煤粉收集器入口压力	1个	kPa	−6~5	−4	—	−2	−5.6	—
煤粉收集器进出口压差	1个	kPa	0~5	1.0~1.2	1.5	1.2	—	—
煤粉收集器出口压力	1个	kPa	−20~30	−5	—	—	−6.5	—
循环气进热风炉压力	1个	kPa	0~6	5	—	7.5	—	—
循环气排空压力	1个	MPa	0~0.07	0.005	—	0.006	0.004	—
发送罐A压力	1个	MPa	0~0.6	<0.5	—	0.5	—	—
加压输送粉煤仓压力	3个	kPa	0~20	1	5	3.5	—	—
锁斗A/B压力	1个	MPa	0~6	<5.2	—	5.2	0.25	0.01
给料罐压力	1个	MPa	0~6	<5.2	—	5.2	3.9	2
粉煤给料线1~4压力	4个	MPa	0~6	5.02	—	5.1	—	—
减压过滤器压力高	3个	kPa	0~500	70	300	250	—	—
粉煤仓过滤器压差	1个	kPa	0~40	5	—	7	0.1	—
锁斗A/B与给料罐的压差	1个	kPa	−600~600	0	150	100	−10	−50
给料罐与气化炉的压差	1个	kPa	0~1 600	600	—	800	350	300
减压过滤器压差	1个	kPa	0~500	70	—	50	1	—

根据"第2章 煤粉燃爆特性及危险性分级研究"中试验测试结果,该煤制油化工企业煤样(8#)煤尘云的最大爆炸压力为0.62 MPa,煤尘云的最大压力上升速率为54.14 MPa/s。在设备内部煤尘云若发生爆炸,则最大爆炸压力、最大压力上升速率均非常高,此时爆炸超压的防护主要采取泄爆、抑爆措施。

煤粉制备工艺中的操作压力除发送罐的发送压力为 0.2 MPa 外,其余均为微正压或负压。煤粉加压输送工艺中粉煤仓为低压设备,锁斗、给料罐及煤粉输送管线均为高压设备。煤粉制备及加压输送粉煤仓压力报警值均为低压,远低于爆炸最大压力,所以在压力初始阶段已经报警、跳车。锁斗、给料罐中环境为高压密封环境,且为惰气保护,无煤粉爆炸危险。根据系统生产工艺,压力监测点的报警值设置合理,可以保证系统的正常安全运行。

在备煤系统原煤仓过滤器、粉煤仓过滤器安装了压差变送器,为设备自带,并没有接入监测监控系统。为监测过滤器收尘布袋是否破损或脱落,应在 DCS 监测监控系统上对原煤仓过滤器、粉煤仓过滤器进出口压差进行监控。

(2)温度

煤粉制备及加压输送工艺中为保证系统正常运行已安装温度变送器,在监测监控系统中监测的温度参数及 DCS 报警值如表 4.24 所示。

表 4.24 温度参数控制指标数据表

描述	数量	单位	量程	正常值	高高报	高报	低报	低低报
原煤仓温度	3个	℃	0~100	AMB	—	50	—	—
纤维分离器风粉混合物温度	3个	℃	−200~420	105	120	115	95	90
煤粉收集器温度	1个	℃	0~150	100~110	120	110	65	—
煤粉收集器锥斗温度	4个	℃	−100~300	100~110	120	110	65	—
热风炉炉膛温度	1个	℃	0~1 200	800~900	—	1 000	—	—
热风炉出口温度	1个	℃	0~450	290~320	380	320	150	—
粉煤仓中上部温度	3个	℃	0~200	80~110	—	120	80	—
粉煤仓锥部温度	3个	℃	0~200	80~110	—	120	80	—
加压输送粉煤仓温度	4个	℃	0~200	90	—	100	—	—
减压过滤器煤粉温度	1个	℃	0~200	90	—	100	20	—

(续表)

描述	数量	单位	量程	正常值	高高报	高报	低报	低低报
锁斗 A/B 温度	2个	℃	−60～200	90	—	100	—	—
给料罐温度	1个	℃	0～200	90	—	100	—	—

根据"第2章 煤粉燃爆特性及危险性分级研究"中煤尘云最低着火温度、煤尘层最低着火温度的测试结果,该煤制油化工企业煤样(8#)煤尘云的最低着火温度为540 ℃,煤尘层的最低着火温度为340 ℃。

备煤系统生产工艺条件下煤粉储存、运输的温度正常值一般为80～110 ℃,控制指标上限均低于120 ℃,均低于煤尘层及煤尘云的最低着火温度。仅热风炉出口至磨煤机的热惰性气体温度为290～320 ℃。热惰性气体为高温气体,但其温度亦低于煤尘云最低着火温度和煤尘层最低着火温度。由于热惰性气体为流动性循环气,不存在沉积煤尘。而且,在正常条件下热惰性气体不含有煤粉,只有当煤粉收集器收尘性能下降或存在故障时才会造成煤粉含量增加,所以需要对循环气中的煤粉浓度进行重点监测。煤粉加压输送工艺中温度监测的控制指标均为100 ℃,低于煤尘层、煤尘云最低着火温度。

温度监测的目的主要是防止煤粉自燃,防止温度变化形成露点造成水分增加、煤粉凝结等。根据表4.24中温度参数的控制指标、温度监测点的临界值设置合理,可以保证系统正常安全运行。

(3)煤粉浓度

通过对该煤制油化工企业煤样(8#)进行爆炸特性试验测试可知,其煤样的爆炸下限浓度为25 g/m³。现已安装粉尘分析仪对煤粉浓度进行监测,报警值为50 mg/Nm³,如表4.25所示。

表4.25 煤粉浓度参数控制指标数据表

描述	数量	单位	量程	正常值	高高报	高报	低报	低低报
循环气中粉尘浓度	1个	mg/Nm³	0～100	≤20	—	50	—	—
粉煤仓顶部粉尘浓度	1个	mg/Nm³	0～100	≤20	—	50	—	—

在备煤系统循环气煤粉浓度监测的报警值为50 mg/Nm³,远低于煤粉的爆炸下限浓度,此报警值的设置主要是为了检测收尘布袋是否存在破损或脱落等情况,控制大气环境中的煤粉排放量,控制指标报警值设置合理。粉煤仓顶部环境粉尘分析仪的参数报警值同样为50 mg/Nm³,远低于爆炸下限浓度,对于轻微泄漏,该报警值设置合适;但当煤尘

泄漏量较大时,会报警,量程易超限,不能监测环境中实际浓度值。

在犁式卸料器落煤口处增设粉尘浓度传感器,量程为 0～1 000 mg/Nm³。由于原煤中存在一定的细煤粉,在落煤过程中会造成扬尘,存在一定的危险性。由于此处为形成煤尘云的易发区,但煤尘云含量较少,控制指标报警值应远低于爆炸下限浓度,因此将该位置报警值设置为 100 mg/Nm³。减压过滤器出口管线上煤粉浓度监测为低浓度监测,报警值参考备煤系统循环气控制指标,高报的临界值为 30 mg/Nm³,高高报的临界值为 50 mg/Nm³。

对于软连接、防爆板等易泄漏位置,监测环境中煤粉浓度的高浓度粉尘传感器,主要监测泄漏后是否有燃烧、爆炸危险的情况,煤粉浓度的控制指标设置为 1 g/Nm³。当存在泄漏,检测到环境中煤粉浓度超标时,监控系统出现报警信号,立即启动触发水雾喷淋装置开关,对泄漏位置喷淋降尘。同时,监测监控系统将报警信号传输至自动抑爆装置控制系统,当同时出现火焰信号时,启动抑爆装置。

(4) 氧气浓度

根据测试,该煤制油化工企业煤样(8#)煤尘云爆炸的极限氧含量为 14%。在备煤系统现有的氧气浓度监测点的浓度一般控制在 6.5%～7%,报警临界值设置为 8%,低于煤尘云爆炸极限氧含量。加压输送粉煤仓排放气氧含量报警临界值设置为 2%,远低于煤尘云爆炸极限氧含量。氧气浓度越低,煤粉发生自燃或爆炸的危险性也就越小。氧气浓度各数控制指标见表 4.26。

表 4.26　氧气浓度参数控制指标数据表

描述	数量	单位	量程	正常值	高高报	高报	低报	低低报
进磨煤机惰性气体氧含量	1个	%	0～21	6.5～7	9	8	—	—
煤粉收集器出口氧含量	1个	%	0～21	6.5～7	9	8	—	—
粉煤仓内氧含量	1个	%	0～21	6.5～7	9	8	—	—
加压输送粉煤仓排放气氧含量	1个	%	0～10	1	4	2	—	—

在煤粉收集器上部、粉煤仓过滤器上部、原煤仓过滤器上部、加压输送粉煤仓过滤器上部、减压过滤器上部增设的氧浓度传感器主要用于监测设备检修过程中的氧气浓度,防止浓度过低,造成检修人员窒息,所以这些位置的氧浓度传感器可在现场就地显示,不需要接入监测监控系统,检修时氧气浓度应大于 18%。

(5) CO 气体浓度

目前,整个系统工艺仅设置了 1 个 CO 气体浓度监测点,如表 4.27 所示。

表 4.27 CO 气体浓度参数控制指标数据表

描述	数量	单位	量程	正常值	高高报	高报	低报	低低报
煤粉收集器出口CO气体浓度	1	ppm	0~1 000	<300	700	600	—	—

根据试验测试,煤粉在自然发火过程中 30~120 ℃ 范围内析出的指标性气体为 CO,120~200 ℃ 范围内析出的指标性气体为 CO 和 C_2H_4。因为煤粉制备工艺、煤粉加压输送工艺中系统正常运行的温度均小于 120 ℃,仅热风炉出口至磨煤机的热惰性气体温度为 290~320 ℃,但此处主要为流动性惰性循环气体,煤粉含量控制在 30 mg/Nm^3 以下,报警值为 50 mg/Nm^3,不会形成沉积煤尘层。所以整个系统工艺将 CO 作为监测监控煤粉自燃的指标气体。

根据第 2 章表 2.3 不同温度下该煤制油化工企业煤样析出气体体积分数的试验数据,在系统工艺条件下 80~110 ℃ 范围内 CO 析出量为 0.12~7.47 ppm,110 ℃ 后 CO 析出量开始迅速变化。在实验室试验条件下,取 1.0 g 煤粉测试不同温度下煤粉析出气体种类及含量,其结果与现场工艺环境工况差别较大。实验室试验目的为得出煤粉自燃的指标气体,试验数据仅能反映出随温度变化析出气体含量的变化趋势,不足以作为系统工艺条件下 CO 气体含量的报警值。

煤粉或原煤自燃、热风炉燃料气不充分燃烧等产生了 CO 气体。系统工艺正常运行时,原煤仓顶部、粉煤仓顶部、热风炉出口管线上 CO 气体控制指标的设置主要参考现场实际经验,CO 气体控制指标为正常值小于 300 ppm,高报 600 ppm,高高报 700 ppm。

在原煤仓过滤器、粉煤仓过滤器、煤粉收集器、减压过滤器、加压输送粉煤仓过滤器等过滤器上部监测 CO 气体浓度,主要是为了设备打开检修时参考,防止煤粉自燃造成燃烧以及对作业人员的健康造成危害。根据《煤矿安全规程》,从职业健康的角度考虑,作业场所 CO 气体浓度应小于 24 ppm,否则会造成人体中毒。所以,这些除尘过滤器上设置的 CO 浓度传感器的气体监测报警值为 24 ppm。

4.3.2 煤粉制备工艺安全监测监控参数的控制指标(新增设备)

煤粉制备工艺中安全监测监控参数的类型包括压力、温度、氧气浓度、CO 气体浓度、煤粉浓度等。根据监测监控参数的分析,在现有压力监测点的基础上增设原煤仓过滤器压差变送器、粉煤仓过滤器压差变送器;增设氧浓度传感器、CO 浓度传感器、粉尘浓度传感器。其中,新增设的氧浓度传感器可在现场就地显示,现场作业人员观察使用,不再设置报警控制指标。基于试验测试结果及分析,确定了不同类型监测监控参数的控制指标,各个指标的正常值、报警阈值如表 4.28 所示。

表 4.28　煤粉制备工艺新增设备监测监控参数的控制指标

描述	数量	单位	量程	正常值	高高报	高报
原煤仓过滤器进出口压差变送器	1支	kPa	0～5	1.0～1.2	1.5	1.2
粉煤仓过滤器进出口压差变送器	1支	kPa	0～5	1.0～1.2	1.5	1.2
煤粉收集器CO浓度传感器	1支	ppm	0～1 000	<24	—	24
粉煤仓过滤器CO浓度传感器	1支	ppm	0～1 000	<24	—	24
原煤仓过滤器CO浓度传感器	1支	ppm	0～1 000	<24	—	24
原煤仓顶部CO浓度传感器	1支	ppm	0～1 000	<300	700	600
粉煤仓顶部CO浓度传感器	1支	ppm	0～1 000	<300	700	600
热风炉出口管线CO浓度传感器	1支	ppm	0～1 000	<300	700	600
犁式卸料器落煤口粉尘浓度传感器	2支	mg/Nm^3	0～1 000	0～100	—	100
旋转给料阀软连接处粉尘浓度传感器	1支	g/Nm^3	0～150	0	>1	
纤维分离器上方软连接处粉尘浓度传感器	1支	g/Nm^3	0～150	0	>1	
粉煤仓顶部粉尘浓度传感器	1支	g/Nm^3	0～150	0	>1	
粉煤仓锥部软连接处粉尘浓度传感器	1支	g/Nm^3	0～150	0	>1	
发送罐上方软连接处粉尘浓度传感器	1支	g/Nm^3	0～150	0	>1	

4.3.3 煤粉加压输送工艺安全监测监控参数的控制指标（新增设备）

煤粉加压输送工艺中包含的设备主要有粉煤仓、粉煤仓过滤器、减压过滤器、给料罐、给料罐过滤器、锁斗以及煤粉输送管线等。其中，减压过滤器、粉煤仓等位置存在泄漏危险点，其余为高压密闭设备，一旦泄漏将造成严重的粉尘事故，甚至引起煤尘燃烧、爆炸。根据监测监控参数的分析，增设氧浓度传感器、CO 浓度传感器、粉尘浓度传感器。其中，新增设的氧浓度传感器可在现场就地显示，现场作业人员观察使用，不再设置报警控制指标。基于试验测试结果及分析，确定了不同类型监测监控参数的控制指标，各个指标的正常值、报警阈值如表 4.29 所示。

表 4.29 煤粉加压输送新增设备监测监控参数的控制指标

描述	数量	单位	测量范围	正常值	高高报	高报
减压过滤器出口管线粉尘浓度传感器	1 支	mg/Nm^3	0～100	<20	50	30
粉煤仓顶部粉尘浓度传感器	1 支	g/Nm^3	0～150	0	>1	
减压过滤器上部 CO 浓度传感器	1 支	ppm	0～1 000	<24	—	24
粉煤仓顶部 CO 浓度传感器	1 支	ppm	0～1 000	<300	700	600
粉煤仓过滤器上部 CO 浓度传感器	1 支	ppm	0～1 000	<24	—	24

第5章 煤粉泄漏监测及扩散防治技术研究

5.1 煤粉泄漏危险源分析及分类

5.1.1 煤粉泄漏危险源分析

根据工艺流程、设备所属的区域以及设备存在的危险性,煤粉制备工艺可划分为八个单元,分别是皮带输送机、原煤仓、称重给煤机、磨煤机、煤粉收集器、纤维分离器和过滤器、粉煤仓、发送罐,存在的煤粉泄漏危险源如表5.1所示。

表5.1 煤粉制备工艺泄漏危险源

单元	存在危险源的部位或区域	可能存在的危险	备注
皮带输送机	犁式卸料器	在犁式卸料器落煤口可能会产生煤尘云,有爆炸危险,无水雾喷头	4个落煤口
原煤仓	布袋除尘器排空管	若布袋破损,则会有大量煤尘从排空管排出,遇点源有爆炸危险	DN300
原煤仓	下锥部插板阀	插板阀法兰可能磨损,有煤粉泄漏危险	—
原煤仓	下锥部注氮管道	管道连接处易磨损,煤粉可能会随氮气喷射出来,遇到点火源可能有爆炸危险	—
原煤仓	V形溜槽	转弯处易磨损,有煤粉泄漏危险;溜槽中间区域较为隐蔽,泄漏的煤粉有自燃危险	2个
原煤仓	原煤仓和溜槽间的软连接	软连接可能磨损,有煤粉泄漏危险	1.5 m×1.1 m×0.2 m
原煤仓	过滤器泄爆片	遇故障泄爆片可能打开,有煤粉爆炸危险	2个,500 mm×500 mm

(续表)

单元	存在危险源的部位或区域	可能存在的危险	备注
磨煤机	落煤管及磨煤机本体	较易磨损,有煤粉泄漏危险	—
	拉杆	受摩擦、上下移动等影响,拉杆内填料可能发生磨损,有煤粉泄漏危险	四氟填料
	出口管路	较易磨损,有煤粉泄漏危险	DN2 200
煤粉收集器	上部的防爆板	因故障防爆板可能打开,有煤粉泄漏危险;防爆板端口与墙壁及煤粉收集器距离太近,可能会形成高浓度粉尘云,遇点火源有爆炸危险	12个,DN500
	排空管	若滤袋破损,则煤粉可能会随排空管排出,形成煤尘云,遇点火源有爆炸危险	DN900
	旋转给料阀下部的软连接	软连接橡胶易老化、磨损,有煤粉泄漏危险	DN500
	旋转给料阀上部的插板阀	插板阀法兰易磨损,有煤粉泄漏危险	—
	下锥部人孔	检修时,由于料位计无法准确判断煤粉位置,可能有煤粉泄漏危险	4个,DN600
纤维分离器和过滤器	纤维分离器上部的软连接	软连接橡胶材质易老化、磨损,有煤粉泄漏危险	2个,DN500×220
	纤维分离器下部的插板阀	插板阀法兰易磨损,有煤粉泄漏危险	—
	过滤器泄爆片	天气寒冷时,煤粉易堵塞排空管口,可能发生憋压,泄爆片可能打开,有煤粉泄漏危险	1个,500 mm×500 mm
	过滤器排空管	若布袋破损,煤粉可能会随排空管排出,形成煤尘云,遇点火源有爆炸危险	DN250

(续表)

单元	存在危险源的部位或区域	可能存在的危险	备注
粉煤仓	顶部的防爆板	在内部超压情况下,防爆板可能打开,有煤粉泄漏危险	3个,DN800
	下锥部注氮管道	管道连接处易磨损,煤粉可能会随氮气喷射出来,遇到点火源可能有爆炸危险	—
	顶部软连接	软连接橡胶材质易老化、磨损,有煤粉泄漏危险	2个,DN500×220
	下锥部软连接	软连接橡胶材质易老化、磨损,有煤粉泄漏危险	DN300×230
	插板阀	插板阀法兰易磨损,有煤粉泄漏危险	—
	均压管路	高压环境下,管路法兰易磨损,有煤粉泄漏危险	与发送罐均压
	返料管	返料管法兰易磨损,存在软连接,有煤粉泄漏危险	DN100
发送罐	顶部软连接	软连接橡胶材质易老化、磨损,有煤粉泄漏危险	DN300×230
	发送管道	高压情况下,法兰易磨损,有煤粉泄漏危险	DN300

根据工艺流程、设备所属的区域以及设备存在的危险性,煤粉加压输送工艺可分为三个单元:粉煤仓、减压过滤器、给料罐。煤粉加压输送工艺中的粉煤仓为低压设备,减压过滤器为中压设备,主要具有煤粉储存、收尘、锁斗泄压等作用,存在排空管、防爆板、过滤器等泄漏危险点。煤粉加压输送工艺中存在的煤粉泄漏危险源如表5.2所示。

表5.2 煤粉加压输送工艺泄漏危险源

单元	存在危险源的部位或区域	可能存在的危险	备注
粉煤仓	过滤器	遇故障过滤器泄爆片可能打开,有煤粉泄漏危险	2个,500 mm×500 mm
	排空管	过滤器布袋磨损,煤粉随排空管排出,可能会形成高浓度粉尘云,遇点火源有爆炸危险	DN700
	返煤管线	管道法兰易磨损,有煤粉泄漏危险	—
	顶部防爆板	遇故障防爆板可能打开,有煤粉泄漏危险	1个,DN800

(续表)

单元	存在危险源的部位或区域	可能存在的危险	备注
减压过滤器	顶部防爆板	在超压条件下,顶部自启式防爆板打开,有煤粉泄漏危险	1个,DN500
	排空管	过滤器布袋磨损,煤粉随排空管排出,可能会形成高浓度粉尘云,遇点火源有爆炸危险	DN600
	泄压管线	锁斗到减压过滤器的泄压管线易在高压环境下发生磨损,有煤粉泄漏危险	2根
给料罐	发送管道	高速流动煤粉易使管道发生磨损,有煤粉泄漏危险	底部,4根
	过滤器排空管	当给料罐过滤器的收尘性能失效或存在故障时,造成排放气体中煤粉含量超限,引起燃烧爆炸事故	DN300

5.1.2 泄漏危险源的分类

将易燃易爆粉体泄漏分为一般泄漏、严重泄漏和不可控泄漏三级。

一般泄漏指易燃易爆粉体未明显从设备、管线中泄漏,但可造成周边环境可燃易爆粉体明显堆积。

严重泄漏指易燃易爆粉体从设备、管线中漏出,但并达到或超过介质的爆炸下限浓度且可燃易爆粉体堆积最大厚度小于 5 mm(受限空间堆积最大厚度小于 2 mm),或者泄漏堆积面积小于受限空间水平截面积的 20%。

不可控泄漏指易燃易爆粉体从设备、管线中漏出,并达到或超过该介质的爆炸下限浓度或者可燃易爆粉体堆积厚度大于或等于 5 mm(受限空间堆积最大厚度大于或等于 2 mm),或者泄漏堆积面积大于或等于受限空间水平截面积的 20%。

5.1.2.1 排空管泄漏

煤粉制备整个工艺中共有 3 个排空管,分别为循环气排空管(图 5.1)、原煤仓过滤器排空管、粉煤仓过滤器排空管(图 5.2)。但只在循环风机的循环气出口管线上安装了粉尘分析仪,其余地方均没有粉尘在线监测。3 个排空管均设置了粉尘分析手动采样点,采样频率为每月 1 次。

煤粉加压输送工艺中的排空管分别为减压过滤器排空管、粉煤仓过滤器排空管、给料罐过滤器排空。排空管上未设置粉尘分析仪,在粉煤仓过滤器上设置了粉尘分析手动采样点。减压过滤器排空管安装在减压过滤器至低温甲醇洗管线上,为不连续排空,当下游装置检修或者停止运行时,排空管才会打开。

图 5.1 循环气排空管

图 5.2 粉煤仓过滤器排空管

根据表 5.3 中排空管排放量数据,计算可知原煤仓过滤器排空管的排放速率为 3.6 m³/s,粉煤仓过滤器排空管的排放速率为 0.2 m³/s,循环风机出口排空管的排放速率为 15.3 m³/s。加压输送粉煤仓过滤器排空管正常排放速率为 3.6 m³/s。排空管排放气体中煤粉含量少,煤粉浓度控制指标为 20~30 mg/m³,当收尘布袋破损或脱落时,收尘性能降低,排出气体中煤粉含量升高,排空管口气体呈黑色,形成局部煤尘云,随后在敞开空间扩散,排空管的泄漏危险为一般泄漏。

表 5.3 排空管主要技术参数

不同位置排空	排放气					排放管直径/mm	处理措施	排放去向
	排放源位置	排放规律	正常排放量/(Nm³/h)	温度/℃	介质			
原煤仓过滤器排空	原煤仓顶部	连续	12 804	AMB	空气	DN300	高点排空	排放至大气
粉煤仓过滤器排空	粉煤仓顶部	连续	721	80	氮气+热惰性气体	DN250	高点排空	排放至大气
系统惰性气体排空	循环风机出口	连续	54 970	100	热惰性气体	DN900	高点排空	排放至大气
加压输送粉煤仓过滤器排空	粉煤仓顶部	连续	7 967	70	氮气、CO_2+煤粉	DN700	高点排空	排放至大气

(续表)

不同位置排空	排放源位置	排放规律	正常排放量/(Nm³/h)	温度/℃	介质	排放管直径/mm	处理措施	排放去向
减压过滤器排空	出口至低洗管线	不连续	—	90	氮气、CO_2	DN600	高点排空	排放至大气
给料罐过滤器排空	给料罐过滤器上方	连续	—	90	氮气、CO_2＋煤粉	DN300	高点排空	排放至大气

根据煤粉爆炸基础测试,该煤制油化工企业煤样的爆炸下限浓度为 25 g/m³。所以在正常运行环境条件下,排放气体中的煤粉不会有燃烧、爆炸的危险。但在收尘布袋破损或脱落条件下,排空管中的煤粉浓度则会大大增加,存在燃烧、爆炸的危险。

5.1.2.2 泄爆片/防爆板及人孔泄漏

煤粉制备工艺中共有 4 处安装了泄爆片或防爆板,分别为:煤粉收集器侧面安装了 12 块 DN500 自启式防爆板(图 5.3)、原煤仓过滤器的侧面安装了 2 块 500 mm×500 mm 泄爆片(图 5.4)、粉煤仓过滤器侧面安装了 1 块 500 mm×500 mm 泄爆片、粉煤仓顶部安装了 3 块 DN800 重力防爆板。防爆板的开启压力为 5 kPa±2.5 kPa。煤粉收集器的每个锥斗上安装了 1 个人孔,尺寸为 DN600,在检修误判断的情况下打开人孔会造成大量的煤粉泄漏。

图 5.3　煤粉收集器侧面防爆板(局部)

图 5.4　原煤仓过滤器泄爆片

煤粉加压输送工艺中共有 3 处安装了泄爆片或防爆板,分别为:减压过滤器顶部安装了 1 块 DN500 自启式防爆板,并配合安装了 1 个安全阀;粉煤仓过滤器侧面安装了 2 块 500 mm×500 mm 泄爆片、加压输送粉煤仓顶部安装了 1 块 DN800 重力防爆板。减压过滤器防爆板的开启压力为 0.25 MPa,粉煤仓泄爆片的开启压力约为 0.3 MPa,加压输送粉煤仓顶部防爆板的开启压力约为 8 kPa。减压过滤器顶部的防爆板如图 5.5 所示。

图 5.5　减压过滤器顶部的防爆板

自启式防爆板在仓内压力超限后自动打开,在泄压后可以自动恢复。泄爆片一旦打开则不能恢复。粉煤仓过滤器排空管内为热氮气,而且管路较长,所以排空过程中易出现凝露现象,导致煤粉黏结、管路变细,进而导致粉煤仓内压力增大,使泄爆片打开。因为系统的日常压力监测,泄爆片、防爆板因压力过大自动打开的情况较少,但一旦打开则会造成大量煤粉泄漏。煤粉收集器锥斗为煤粉储存空间,人孔误打开时也会有大量煤粉泄漏。

泄爆片/防爆板或人孔因超压或误判断打开后,在局部空间可以达到煤粉爆炸下限浓度,并造成易燃易爆粉体堆积,该类型的泄漏为严重泄漏。

5.1.2.3　管路及连接磨损泄漏

在整个备煤系统中存在多处特殊管件,管线在拐弯、连接处都存在磨损泄漏的危险。磨煤机出口粉气输送管线见图 5.6。煤粉制备工艺管路容易磨损的位置有原煤仓落煤管、磨煤机筒体、磨煤机拉杆、磨煤机循环混合气的出口位置。煤粉加压输送工艺的特殊易磨损管线为 4 条煤粉输送管线。

① 磨煤机至煤粉收集器管线,管径尺寸为 DN2 200,介质为煤粉+惰性气体,正常工作温度为 110 ℃,最大温度为 140 ℃;正常工作压力为 -0.002 6 MPa(G),设计压力为 -0.02/0.03 MPa(G)(最低设计压力/最高设计压力)。管件采用玻璃棉作为保温材料,保温厚度为 110 mm,采用铝皮作为内外防护。管件的磨蚀裕量为 3.2 mm(设计制造中预先增加的厚度),材质为 CS 碳钢。

② 煤粉收集器至循环风机管线,管线尺寸为 80 in(约 DN203),介质主要为循环气,含有少量的煤粉。管件的正常工作温度为 110 ℃,最大温度为 140 ℃;正常工作压力为

图 5.6 磨煤机出口粉气输送管线

-0.005 5 MPa(G),设计温度为 150 ℃,设计压力为-0.02/0.03 MPa(G)(最低设计压力/最高设计压力)。管件采用玻璃棉作为保温材料,保温厚度为 110 mm,采用铝皮作为内外防护。管件的磨蚀裕量为 3.2 mm(设计制造中预先增加的厚度),材质为 CS 碳钢。

③ 循环风机至热风炉管线(图 5.7),管线尺寸为 DN1 800,介质主要为循环气,含有少量的煤粉。管件的正常工作温度为 110 ℃,最大温度为 140 ℃;正常工作压力为 0.005 3 MPa(G),设计压力为 0.03 MPa(G)。管件采用玻璃棉作为保温材料,保温厚度为 110 mm,采用铝皮作为内外防护。管件的磨蚀裕量为 3.2 mm(设计制造中预先增加的厚度),材质为 CS 碳钢。

④ 热风炉至磨煤机管线(图 5.8),管线尺寸为 DN2 200,介质主要为循环气,含有少量的煤粉。管件的设计温度为 420 ℃,正常工作温度为 290~320 ℃;正常工作压力为 0.004 0 MPa(G),设计压力为 0.03 MPa(G)。管件采用硅酸铝作为保温材料,保温厚度为 200 mm,采用铝皮作为内外防护。管件的磨蚀裕量为 3.2 mm(设计制造中预先增加的厚度),材质为 CS 碳钢。

⑤ 煤粉加压输送工艺 4 条煤粉输送管线,内部为高压环境,煤粉的输送流速为 4~10 m/s,输送压力正常为 5.02 MPa。煤粉气流在输送过程中与管路发生摩擦,容易将管壁磨穿,由于管路内为高压,会造成煤粉泄漏。

⑥ 备煤装置落煤管位于原煤仓与磨煤机之间,在原煤落入磨煤机过程中与管壁发生碰撞,致使落煤管上出现砂眼或小孔,造成煤粉泄漏。落煤管内为常温常压环境,介质主要为原煤,含有少量煤粉。

输送管线及连接位置的泄漏一般是长时间磨损造成的,为砂眼或小孔泄漏,泄漏不是很明显,但随时间的推移会造成煤粉堆积,所以该类型的泄漏为一般泄漏。

图 5.7　循环风机至热风炉管线　　　　　图 5.8　热风炉至磨煤机管线

5.1.2.4　金属膨胀节、阀门或法兰泄漏

磨煤机出口至煤粉收集器的输送管线上存在多个金属膨胀节。在连接处均存在输送介质与管路的摩擦，形成砂眼或小孔，造成煤粉或输送气泄漏。

在系统工艺、设备节点、管路连接等处，存在多处连接阀门或者法兰等，如原煤仓及粉煤仓锥部的插板阀、煤粉收集器底部的旋转给料阀、锁斗底部的通气锥等，在关闭不严或者安装错误、不到位情况下都存在泄漏危险。

金属膨胀节、阀门或法兰等连接处的泄漏一般为砂眼或小孔泄漏，在短时间内泄漏量不大，不会造成较大危害，但随时间的推移会增加煤粉在局部空间或设备表面堆积，所以该类型的泄漏为一般泄漏。

煤粉及惰性气输送管路上金属膨胀节的材料选择、使用要求如下：

① 金属膨胀节的接管留有腐蚀裕量，腐蚀裕量为 3.2 mm；

② 金属膨胀节采用不低于接管材质级别的材料；

③ 金属膨胀节波纹管的设计疲劳寿命大于或等于 3 000 次，波纹管的疲劳寿命和刚度的计算方法参照《金属波纹管膨胀节通用技术条件》(GB/T 12777—2019)中的有关规定；

④ 金属膨胀节应带有定位拉杆，安装时按照定位拉杆的位置安装；

⑤ 金属膨胀节应带内导流筒，材质为 Q345B，厚度为 8 mm，波纹管的单层厚度应不低于 1.5 mm；

⑥ 金属膨胀节应设置可拆卸的外保护套，保护套的材质为 Q235A，厚度为 6 mm。

5.1.2.5 软连接处泄漏

备煤系统的每条生产线上共有 5 处 10 个软连接(橡胶非金属膨胀节),分别为:旋转给料阀下部的软连接(图 5.9)、纤维分离器上部的软连接、粉煤仓顶部的软连接、粉煤仓锥部的软连接、发送罐顶部的软连接(图 5.10)等。

① 煤粉收集器锥斗下方旋转给料阀与螺旋输送机之间的软连接。软连接的直径为 DN500,高度为 220 mm,距地面高度为 1 m。该处共有 4 个软连接,每个旋转给料阀下方各 1 个。

② 纤维分离器的顶部与煤粉落煤管之间的软连接。每条生产线存在 2 台纤维分离器,即有 2 个软连接。软连接的直径为 DN500,高度为 220 mm。

③ 粉煤仓的顶部与纤维分离器落煤管之间的软连接,每条生产线存在 2 个。软连接的直径为 DN500,高度为 220 mm。

④ 粉煤仓的下锥部出口的管路存在 1 个软连接,软连接的直径为 DN300,高度为 230 mm。

⑤ 发送罐上方与粉煤仓落煤管的连接处存在 1 个软连接,软连接的尺寸为 DN300,高度为 230 mm。

图 5.9　旋转给料阀下方的软连接　　图 5.10　发送罐顶部的软连接

软连接的作用为便于上下设备或管路之间的连接,降低设备运行或检修震动产生的影响。软连接的主要材质为橡胶,所以在长时间运行中可能会产生磨损或者撕裂,造成煤粉泄漏。由于软连接存在位置在细煤粉储存、输送的生产线上,在工作压力及重力作用下会造成大量的煤粉泄漏。一旦发生泄漏,环境中的煤粉浓度就会达到或超过煤粉的爆炸下限浓度,且随时间的推移造成煤粉在局部空间或设备表面堆积,随泄漏量增加,堆积厚度会大于 5 mm,所以该类型为不可控泄漏。

备煤系统煤粉输送管路上橡胶膨胀节的材料选择、使用要求如下:

① 橡胶膨胀节的设计、制造应符合《可曲挠橡胶接头》(GB/T 26121—2010)、《可曲挠橡胶接头》(HG/T 2289—2017)中的有关规定;

② 橡胶体采用三元乙丙橡胶(EPDM)材质,硫化,橡胶体的厚度为 8 mm;

③ 橡胶膨胀节应带内导流筒,材质为 Q345B,厚度为 6 mm;

④ 橡胶膨胀节应带有限位耳板和限位螺杆,以便安装,安装时按照定位螺杆的位置安装,橡胶体与接管应在一条中心线上;

⑤ 橡胶膨胀节应满足系统工况条件的应用要求,满足温度 150 ℃、压力 0.15 MPa、横向位移 16 mm、轴向拉伸 16 mm、轴向压缩 22 mm 等要求。

5.2 煤粉泄漏监控和扩散防治技术

5.2.1 煤粉泄漏危险的监控措施

煤粉制备及输送过程中的泄漏危险位置较多,有些泄漏危险是不可消除的,必须采取一定的监控措施,在泄漏的第一时间发现危险并采取一定的措施,将泄漏危险扼制在初始状态,避免危险的发生以及灾害的扩大。

5.2.1.1 安全管理及泄漏巡检

安全管理是煤粉泄漏预防最基本、最直接、最有效的手段。装置新建、扩建和改扩建的设计、施工、材料采购等均应考虑煤粉泄漏的危险性,针对可能存在的泄漏危险采取一定的措施,确保设计合理、施工质量可靠、材料质量合格。

系统工艺装置在投产前应做好严格检查,进行必要的耐压试验,对所有的动、静密封点进行检查,并做好记录。装置或设备在正常生产过程中做好防腐蚀工作、制定工艺防腐方案。各部门及负责人员应加强密封点防泄漏管理,制定防泄漏监测方案,及时消除存在的泄漏危险因素。

在系统运行过程中,需要严格按照操作岗位手册进行操作,并遵守管理规章制度,如动火作业票制度、检修作业票制度等。为预防泄漏,在系统运行中需要加强管理并严格执行的措施有:

(1) 加强安全联锁系统的管理,联锁保护对于工艺安全至关重要;

(2) 提高设备的检修质量,避免设备外漏现象发生;

(3) 加强操作工安全、业务培训,提高操作技能;

(4) 加强企业生产系统管理,做好生产管理的基础工作。

日常巡检和监护是泄漏危险源监控最基础的措施,该煤制油化工企业各班组应根据提前辨识的泄漏危险源进行日常巡检,并做好检查记录。各运行部应制定日常的巡查路线、检查表、应急处理方案等,并严格执行。巡检人员在发现泄漏危险事故发生时,应针对泄漏事故的大小采取相应的响应措施。当发生小泄漏事故时,巡检人员应立即上报负责人及监测监控中心,并适当地采取防堵防漏措施;当发生较大的泄漏事故时,巡检人员应立即上报负责人及监测监控中心,疏散周围人员撤离现场,同时采取水幕喷淋或其他煤粉扩散防治措施,并根据实际情况采取紧急停车的相关处理方案和措施。

5.2.1.2 泄漏危险点监控

视频监控是对严重泄漏和不可控泄漏等危险位置进行泄漏监测和防治的有效措施。该煤制油化工企业在厂区煤粉制备工艺现场共 5 处安装了监控摄像头,具体位置及数量见表 5.4。

表 5.4 监控摄像头安装位置及方式

名称	数量	楼层	安装位置及方式
监控摄像头	3个	6层	安装在备煤厂区皮带输送机区域上方墙壁上,支架安装,用于监测皮带输送机原煤输送及分配过程中的正常运行及是否有扬尘
监控摄像头	1个	6层	安装在该层西侧墙壁上,支架安装,用于监测该层旋转给料阀下部的软连接、煤粉收集器锥斗人孔等处的泄漏危险
监控摄像头	1个	5层	安装在该层西侧墙壁上,支架安装,用于监测该层纤维分离器上部软连接处的泄漏危险
监控摄像头	1个	2层	安装在该层西侧墙壁上,支架安装,用于监测发送罐区域,重点为煤粉发送位置
监控摄像头	2个	2层	安装在发送罐与磨煤机之间的栏杆上,支架安装。1个用于监测磨煤机上部泄漏危险区域,1个用于监测发送罐上方软连接处危险位置

在软连接(胶管非金属膨胀节)等严重泄漏和不可控泄漏危险位置安装监控摄像头是必要的,但每个备煤区共有 6 条生产线,目前危险位置所在每个楼层仅安装 1 个监控摄像头,既不能够完全监控全部区域,又影响了监控画面中远处的清晰度。所以,应在泄漏危险位置增设监控摄像头:

① 在煤粉收集器锥部所在楼层(备煤 6 层)新增 1 个监控摄像头,安装在楼层的东侧,每个摄像头监控 3 条生产线旋转给料阀下部的软连接、锥斗人孔等泄漏危险位置。高点监控,摄像头旋转覆盖全部区域。

② 在纤维分离器所在楼层(备煤 5 层)的东侧新增 1 个监控摄像头,与现有的摄像头分别负责监控 3 条生产线纤维分离器上部的软连接等泄漏危险位置。高点监控,摄像头

旋转覆盖全部区域。

③ 在粉煤仓顶部存在严重泄漏和不可控泄漏危险位置,但粉煤仓顶部接近天花板,空间相对狭窄,一旦发生泄漏煤粉不易扩散,同时不易监控。在该楼层区域新增 3 个监控摄像头,每个摄像头负责监控 2 条生产线粉煤仓顶部的泄漏危险区域,高点监控,覆盖全部危险位置。

④ 在粉煤仓锥部所在楼层(备煤 3 层)新增 2 个监控摄像头,每个摄像头负责监控 3 条生产线粉煤仓锥部的泄漏危险位置,高点监控。

⑤ 在发送罐所在楼层(备煤 2 层)新增 2 个监控摄像头,则该楼层共有 4 个监控摄像头。2 个负责监控发送罐上方的软连接泄漏危险点,2 个负责监控磨煤机泄漏危险位置,高点监控。每个摄像头分别负责监控 3 条生产线磨煤机或发送罐。

⑥ 在加压输送粉煤仓顶部存在泄漏危险,新增 2 个监控摄像头,每个负责监控 2 条生产线。

5.2.1.3 煤粉浓度监测

煤粉制备工艺流程中共有 2 个位置设置了煤粉浓度监测点,并安装了粉尘浓度监测分析仪。1 台分析仪位于循环风机出口至热风炉管线上,用于监测循环气的粉尘浓度。另 1 台分析仪位于粉煤仓的顶部,用于监测该位置环境中的粉尘浓度。

由于系统工艺中存在多个严重泄漏或不可控泄漏危险点,目前布置的煤粉浓度传感器远远不够,必须在危险泄漏位置新增粉尘浓度传感器进行监测。煤粉浓度监测仪表分为低浓度粉尘传感器和高浓度粉尘传感器两种,其中低浓度粉尘传感器主要用于监测环境或管线中的煤粉浓度,量程有 $0\sim100 \text{ mg/Nm}^3$、$0\sim1\,000 \text{ mg/Nm}^3$ 两种;高浓度粉尘传感器主要安装在泄漏危险位置附近区域,用于监测泄漏后环境中的煤粉浓度,量程为 $0\sim150 \text{ g/Nm}^3$。

根据煤粉制备及加压输送工艺中存在的泄漏危险位置按需要增设粉尘浓度传感器进行泄漏监测,传感器均与监测监控系统连接,当浓度超标时,则发出报警信号。需要增设的煤粉浓度传感器安装位置如表 5.5 所示。

表 5.5 新增设的煤粉浓度传感器

名称	型号	数量	安装位置	介质	工况条件	量程
粉尘浓度传感器(低浓度)	CCGZ-1000	2 支	备煤区皮带输送机区域的犁式卸料器的卸煤口	环境煤粉浓度	环境压力、环境温度	$0\sim1\,000 \text{ mg/Nm}^3$
粉尘浓度传感器(高浓度)	BFC-1	1 支	煤粉收集器锥部人孔、旋转给料阀软连接的中间位置	环境粉尘	环境压力、环境温度	$0\sim150 \text{ g/Nm}^3$

(续表)

名称	型号	数量	安装位置	介质	工况条件	量程
粉尘浓度传感器(高浓度)	BFC-1	1支	纤维分离器上方的软连接	环境粉尘	环境压力、环境温度	0~150 g/Nm³
粉尘浓度传感器(高浓度)	BFC-1	1支	煤粉制备粉煤仓顶部平台上(防爆板与软连接)	环境粉尘	环境压力、环境温度	0~150 g/Nm³
粉尘浓度传感器(高浓度)	BFC-1	1支	煤粉制备粉煤仓锥部的软连接位置	环境粉尘	环境压力、环境温度	0~150 g/Nm³
粉尘浓度传感器(高浓度)	BFC-1	1支	发送罐上方的软连接	环境粉尘	环境压力、环境温度	0~150 g/Nm³
粉尘浓度传感器(低浓度)	GCG500	1支	减压过滤器出口至低洗管线、排空口前端	氮气、CO_2+煤粉	温度:90℃。压力:70 kPa	0~100 mg/Nm³
粉尘浓度传感器(高浓度)	BFC-1	1支	加压输送粉煤仓顶部空间	环境粉尘	环境压力、环境温度	0~150 g/Nm³

5.2.2 煤粉泄漏扩散防治技术

5.2.2.1 人工清扫

对于一般泄漏危险源,由于短时间内泄漏量不大,不会造成较大的危害。在发生泄漏时应及时将沉积的煤粉清扫干净,如皮带输送机区域、原煤仓顶部落煤软连接处、原煤仓插板阀位置、金属膨胀节连接处、自启式防爆板等位置。沉积的煤尘在设备表面高温条件下可能会发生自燃。在清扫泄漏的少量细煤粉时应使用防爆式吸尘器,禁止使用正压吹扫。若煤粉为扬尘状态,则应采取喷淋措施后再进行清扫。

人工清扫应与日常巡检、监控摄像头配合操作。在日常巡检过程中,或在监控摄像头画面发现一般泄漏危险点时,应立即派人将泄漏的原煤或细煤粉清扫干净,并对泄漏点采取一定的措施,查找泄漏原因,必要时关闭泄漏源,并做好相应记录。

5.2.2.2 水雾喷淋装置

水雾喷淋是一般情况煤粉泄漏后防止扩散的最有效措施之一。在外部敞开环境,水雾喷淋可以使煤粉快速沉降,降低煤粉在空气中的浓度,同时降低设备表面温度,防止附着的煤粉发生火灾事故。

第 5 章 煤粉泄漏监测及扩散防治技术研究

在煤粉制备工艺各装置存在扬尘、煤粉泄漏等危险位置安装水雾喷淋装置,如各个备煤区皮带输送机上方、煤粉收集器锥部、粉煤仓锥部、纤维分离器上方、发送罐顶部等位置。水喷淋装置的管路连接至消防水管。消防水的压力一般在 0.8 MPa 左右。水雾喷淋装置安装位置及说明见表 5.6。

表 5.6 备煤区水雾喷淋装置安装位置及说明

名称	喷头数量	楼层	安装位置	安装说明
水雾喷淋装置	24 个	6 层	皮带输送机上方	在每个备煤区安装 2 套喷淋装置,位于皮带输送机上方。每套分为 2 排,每排 6 个喷头
水雾喷淋装置	4 个	6 层	旋转给料阀下方的软连接	每条生产线上安装 4 个喷头,每个旋转给料阀下方的软连接处各 1 个,共 4 个软连接,喷头斜向上
水雾喷淋装置	4 个	5 层	纤维分离器上方的软连接	每条生产线有 2 台纤维分离器,即 2 个软连接,每个软连接上方安装 2 个喷头,喷头斜向下
水雾喷淋装置	4 个	4 层	粉煤仓顶部区域	安装在粉煤仓顶部圆弧四周,共 4 个喷头,喷头斜向下
水雾喷淋装置	4 个	3 层	粉煤仓锥部的软连接	安装在粉煤仓锥部软连接的上方 4 个角处,每个锥部安装 4 个喷头,喷头斜向下
水雾喷淋装置	4 个	2 层	发送罐顶部的软连接	安装在发送罐顶部软连接的上方 4 个角处,共 4 个喷头,喷头斜向下,朝向软连接位置

表 5.7 备煤区水雾喷淋装置喷头数据表

喷头个数	进口尺寸	K	喷雾角
20	NPT 1/2″	80	120°

表 5.7 中 K 值为喷淋装置喷头的流量系数,喷头的流量系数与消防水管路中的压力、流量有关。计算公式如下:

$$Q = K\sqrt{10p} \tag{5.1}$$

式中,Q ——喷头的流量,L/min;

p ——喷头的工作压力,MPa;
K ——喷头的流量系数。

该煤制油化工企业喷淋使用的消防水的压力为 0.8 MPa 左右,根据式(5.1)计算喷淋装置喷头的流量为

$$Q = 226.3 \text{ L/min}$$

现有水雾喷淋装置的设计依据为《水喷雾灭火系统设计规范》(GB 50219—2014)。规范中针对不同保护对象给出了水量供给强度、持续供给时间、响应时间等要求,具体如表 5.8 所示。

表 5.8 灭火系统供给强度、持续供给时间和响应时间

防护目的	保护对象		水量供给强度/[L/(min·m²)]	持续供给时间/h	响应时间/s
灭火	固体物质火灾		15	1	60
	皮带输送机		10	1	60
	液体火灾	闪点 60~120 ℃的液体	20	0.5	60
		闪点高于 120 ℃的液体	13		
		饮料酒	20		
	电气火灾	油浸式电力变压器、油开关	20	0.4	60
		油浸式电力变压器的集油坑	6		
		电缆	13		

根据《水喷雾灭火系统设计规范》(GB 50219—95)的要求分别对水雾喷淋装置保护区域的喷头数量进行核算。规范中要求系统的设计流量应在计算流量的基础上乘一个安全系数,安全系数 k 不小于 1.05。

保护对象所需水雾喷头的计算数量应按下式计算:

$$N = \frac{SW}{Q} \tag{5.2}$$

式中,N ——保护对象所需水雾喷头的计算数量,个;
S ——保护对象的保护面积,m²;
W ——保护对象的设计水量供给强度,L/(min·m²)。

(1)皮带输送机上方

在每个备煤区分布了 2 条皮带输送机,皮带输送机的保护面积应按上行皮带的上表面面积确定,喷淋装置应该覆盖关键部位。根据资料,输送机的皮带带宽为 1 400 mm,皮

带输送机的长度参照备煤一区厂房长度 88.7 m。根据规范要求皮带输送机防护需要的水量供给强度为 10 L/(min·m²)。

通过计算得出,皮带输送机的保护面积为 $S=248.36$ m²,需要的水雾喷头的数量为 $N=11$。

皮带输送机水雾喷头的总数量满足要求。但犁式卸料器的落煤口为关键区域,没有安装水雾喷淋装置。在原煤的分配、落煤过程中,容易造成煤粉扬尘,存在燃烧、爆炸危险。因此,需要在皮带输送机犁式卸料器的落煤口处安装水雾喷淋装置。每个备煤生产线共有 2 台犁式卸料器、4 个落煤口,为覆盖全部关键区域,在每个落煤口处安装 1 个水雾喷头,每条生产线共需新增 4 个水雾喷头,每个备煤区共需要 4×6=24 个喷头。

(2) 旋转给料阀下部的软连接

旋转给料阀下部的软连接位于煤粉收集器灰斗的下方,共有 4 个,此处还有煤粉收集器灰斗上的人孔,其为煤粉泄漏危险点。将煤粉收集器灰斗的投影面积作为保护面积,尺寸为 6 500 mm×5 170 mm,则 $S=33.6$ m²。防护需要的水量供给强度为 15 L/(min·m²),单个软连接需要安装的水雾喷头个数为 $N=3$。

所以,每个煤粉收集器灰斗及软连接区域需要安装 3 个喷头,每条生产线则共需要安装 12 个水雾喷头。

由于目前每个软连接处仅安装了 1 个水雾喷头,需要在每个灰斗底部增设 2 个水雾喷头,安装方式与已安装的喷头相同。3 个喷头分布在单个煤粉收集器灰斗底部的周围,呈三角形分布。

(3) 纤维分离器上部的软连接

备煤区每条生产线共有 2 台纤维分离器,纤维分离器上部与管路连接处存在软连接。将纤维分离器顶部的面积作为保护面积,纤维分离器顶部尺寸为 $\phi 1\,860$(mm),则 $S=2.72$ m²。防护需要的水量供给强度为 15 L/(min·m²),单个软连接需要安装的水雾喷头个数为 $N=1$。

目前在每个纤维分离器上部的软连接位置安装了 2 个水雾喷头,满足要求。

(4) 煤粉制备粉煤仓顶部区域

在煤粉制备粉煤仓顶部区域存在 2 个软连接、3 个重力防爆板。将粉煤仓设备顶部的面积作为保护面积,粉煤仓顶部尺寸为 $\phi 6\,000$(mm),则 $S=28.26$ m²。防护需要的水量供给强度为 15 L/(min·m²),单个软连接需要安装的水雾喷头个数为 $N=2$。

目前在每个粉煤仓顶部四周安装了 4 个水雾喷头,满足要求。

(5) 煤粉制备粉煤仓锥部软连接

煤粉制备粉煤仓锥部软连接位置的保护面积采用粉煤仓设备的投影面积,也就等于粉煤仓顶部的面积。所以,需要安装的水雾喷头数量同粉煤仓顶部区域,目前粉煤仓锥部软连接处安装了 4 个水雾喷头,满足要求。

(6) 发送罐顶部的软连接

在发送罐的顶部存在 1 个软连接。将发送罐顶部整个平台的面积作为保护面积,尺寸为 5 425 mm×4 975 mm,则 $S=27 \text{ m}^2$。防护需要的水量供给强度为 15 L/(min·m²),单个软连接需要安装的水雾喷头个数为 $N=2$。

目前在发送罐软连接的上方安装了 4 个水雾喷头,满足要求。

(7) 加压输送粉煤仓顶部

在加压输送粉煤仓的顶部存在防爆板、过滤器以及进煤管线等,为煤粉泄漏危险区域,需要安装水雾喷淋装置。将加压输送粉煤仓设备的顶部面积作为保护面积,尺寸为 10 000 mm×6 500 mm,则 $S=65 \text{ m}^2$。防护需要的水量供给强度为 15 L/(min·m²),需要安装的水雾喷头个数为 $N=5$。

目前在加压输送粉煤仓顶部未安装喷淋装置,因此需要增设配水管路及水雾喷头,在防爆板位置安装 2 个喷头,喷头应朝向防爆板。另外,在泄漏危险位置的外围安装 3 个水雾喷头,用于防止泄漏后煤粉的扩散。

5.2.2.3 消防水喷洒

对于突发性的不可控泄漏危险事故,泄漏煤粉量较大,水雾喷淋装置已经不能有效防治煤粉泄漏扩散。此时,消防水喷洒是防止煤粉扩散的最有效措施。使用备煤或气化厂区的室内消防水进行喷洒降尘,使突发泄漏的大量煤粉在有限范围内沉降,防止泄漏煤粉向外扩散,防止火灾、爆炸事故发生。消防水喷洒应由外向内进行,做好防护措施,保护喷洒作业人员的安全。消防水喷洒结束,且确保安全后,尽快清理事故区内的煤粉泥浆,同时保持地漏的通畅,将喷洒后地面的污水排出工作区域。泄漏事故处理结束后,及时对地面或设备进行清理,将地面的煤粉泥浆及时清扫、排出。

5.2.2.4 定期检测及更换

对于系统中存在的易磨损管线及金属膨胀节应定期进行检测,易磨损管线及金属膨胀节主要包括磨煤机至煤粉收集器的煤粉输送管线、磨煤机落煤管、磨煤机管线、气力输送系统管线、气化煤粉输送管线、返回粉煤仓输送管线、输送管线连接处的金属膨胀节等。管理人员需对管线易磨损位置及管线的弯管处定期进行厚度检测,对焊接处进行探伤检测。易磨损输送管线应每月进行一次厚度检测,当检测到磨损严重时应及时更换。

管路系统中的磨损腐蚀存在两种情况:一种是内壁均匀减薄,即内部凹凸变化不大,变薄情况大致一样;另一种是内壁减薄不均匀,有明显的凹凸现象,减薄厚度差值较大。当管路系统内壁为均匀减薄时,应使用超声波测厚仪定期检测,数据显示基本不变动,即可准确测量。当遇到内壁减薄不均匀或减薄厚度差值较大时,应使用超声波探伤仪进行厚度探测,探测出管壁厚度的最小值及其位置。所以,利用超声波测厚仪或超声波探伤仪对易磨损管线及金属膨胀节进行磨损、腐蚀检测是一种准确有效的方法。

对备煤装置内橡胶软连接进行磨耗、老化试验,试验方法参照《硫化橡胶或热塑性橡胶耐磨性能的测定(旋转辊筒式磨耗机法)》(GB/T 9867—2008)、《硫化橡胶或热塑性橡胶热空气加速老化和耐热试验》(GB/T 3512—2014)、《煤矿带式输送机滚筒用包覆层》(MT/T 962—2019)。在试验条件下,硫化橡胶的相对体积磨耗量为 285 mm^3。由于橡胶软连接的磨耗量大,热空气老化试验后拉伸变化率较大,因此对备煤装置内各个位置的橡胶软连接应定期更换。根据以往现场应用的磨损经验,软连接的定期更换时间为两年。

5.2.3 煤粉泄漏事故预防及应急措施

在煤粉制备及加压输送工艺中均存在煤粉泄漏的危险源,而且经分析可知在一些位置泄漏会经常发生,泄漏量也相对较大。针对泄漏危险源应采取一定的预防及应急措施,防止事故灾害的发生或扩大。

对于煤粉泄漏、火灾爆炸事故应采取的预防措施主要为:

(1) 煤粉制备及加压输送工艺应严格控制系统氧含量,确保系统在安全的惰性环境下运行;

(2) 系统清理出的煤粉必须当班当天清理干净,严禁框架堆积及仪表电缆槽盒残存煤粉;

(3) 系统保持通风、换气扇打开,在线检测报警仪、摄像头是否完好,严禁人为封堵报警仪;

(4) 系统设备严格执行静电接引标准,严禁拆除、损坏静电接地;

(5) 每月设备员对易磨穿部位进行测厚;

(6) 安全附件安全阀、爆破片必须在有效使用期内,严禁煤粉系统超压,确保煤粉系统阀门密封性完好、过滤器内布袋完好无损;

(7) 若给料容器需要进人检查及作业,容器带源的必须确认源关闭,容器内煤粉必须用吸尘器清理干净,杜绝给料容器内残留煤粉阴燃,造成一氧化碳超标;

(8) 若容器内需要动火,容器内壁、煤粉线及煤粉线支撑等处黏着的煤粉需清理干净;

(9) 若外部区域检修需动火,地面煤粉清理干净且焊渣火星做好接档,严禁火星掉入设备保温层内引燃夹杂在保温皮内残留的煤粉。

对于煤粉泄漏应采取的应急措施主要为:

(1) 立即疏散泄漏点附近作业人员,迅速撤离至上风处,并对泄漏区域进行警戒隔离,严格限制出入。

(2) 停止动火作业、停泄漏区动设备(切断电源)、停电伴热。

(3) 根据泄漏大小,视情况启动上报程序及相应的事故预案。

(4) 应急处理人员穿防静电工作服。

(5) 泄漏点泄压、切断泄漏源,禁止一切煤粉系统阀门的操作,防止误操作引起事故扩大。

(6) 煤粉泄漏较大时用泄漏点附近的喷淋装置向粉尘区域喷雾状水,或使用消火栓对泄漏煤粉喷淋,防止煤粉进一步扩散,造成空气粉尘浓度超标,引起静电爆炸。若泄漏在高温设备上,则迅速冲洗降温。

(7) 将泄漏煤粉尽快清理出作业区域,严禁长时间堆放,防止自燃。清理泄漏煤粉时要用防爆工具(铜或木质),尽量先将煤粉用水浇湿,然后清理。

(8) 要对煤粉泄漏附近的管线、设备,尤其是高温管线、设备重点进行煤粉清理,防止煤粉燃烧。

煤粉制备工艺中设备众多,泄漏可以分为常压或微正压泄漏、高压泄漏。常压泄漏如人孔等,高压泄漏如给料罐连接法兰等。在常压条件,如人孔发生泄漏,应立即开启水雾喷淋装置或消防水进行喷洒降尘,关闭设备上游阀门,在安全条件下切断泄漏源。当发生高压泄漏时,应立即开启水雾喷淋装置或消防水进行喷洒降尘,关闭设备上游阀门,并对储存罐体或管路进行泄压处理,在安全条件下对泄漏源进行封堵,尽可能减少泄漏量。

根据对泄漏危险源的分析可知,现有的泄漏监测技术以及应急处理措施并不能满足要求。因此需要在泄漏严重的地点增设粉尘浓度传感器对空间内的煤粉浓度进行监测,增设水雾喷淋装置防止粉尘的扩散,在具有爆炸危险的地点应安装自动抑燃抑爆装置,防止泄漏后煤尘爆炸事故的发生。另外,防止煤粉泄漏最有效的措施为加强安全管理,增强员工安全意识,提高员工操作技能。

5.3 粉尘浓度传感器的研制

5.3.1 粉尘浓度传感器概述

在整个备煤系统工艺中存在较多的泄漏危险位置,且泄漏危险不能全部消除,一旦煤粉泄漏后进入外部空间,煤尘浓度则会急剧提高,所以需要研制并在泄漏危险位置安装高浓度粉尘传感器,监测环境中的煤粉浓度,防止燃烧、爆炸事故的发生。

目前,国内外煤炭领域测量粉尘浓度主要采用的设备或方式有称重式粉尘采样器、射线衰减式粉尘测量、激光、光电倍增管等。在多种粉尘测量的设备或方法中,基于光电方法测量粉尘浓度的测试仪具有灵敏度高、响应速度快、寿命长等优于其他设备或方法的特点。

针对现场工艺、环境的实际应用,研制了BFC-1高浓度粉尘传感器(图5.11)。该粉尘浓度传感器基于红外吸收原理,发出红外光穿过粉尘空间,经过光电转换,由内嵌单片机计算光强数据和标定值及相关系数,得到所采集的空间粉尘浓度值,并储存或与相关平台进行通信。本产品采用差分结构,能消除光源不稳定和光电器件漂移等因素的影响,测量准确,具有实时监测、精度高、响应速度快等特点。

图 5.11　粉尘浓度传感器实物

5.3.2　粉尘浓度传感器原理

光电检测技术是光学与电子学相结合而产生的一门新兴检测技术。它主要利用电子技术对光学信号进行检测,并进一步传递、储存、控制、计算和显示。光电检测技术从原理上讲可以检测一切能够影响光量和光特性的非电量。它可通过光学系统把待检测的非电量信息变换成为便于接受的光学信息,然后用光电探测器件将光学信息量变换成电量,并进一步经过电路放大、处理,达到电信号输出的目的。

光通过介质时,会与介质发生相互作用,除了被介质散射外,还会被介质吸收,其中吸收关系符合朗伯-比尔(Lambert-Beer)定律。当平行光通过均匀介质时,以朗伯-比尔定律为基础,光线通过均匀的单一粒径的含尘空间后,通过测量粉尘浓度,可以计算入射光强和出射光强,经过计算得到粉尘浓度。所以入射光强和出射光强的函数关系为

$$I_{OUT} = I_{IN} \times \exp(-\alpha C L) \tag{5.3}$$

其中,I_{IN} 是入射光强,I_{OUT} 是出射光强,α 是吸收系数,C 是吸光物质的浓度,L 是光程(即光在吸收物质中通过的距离)。

粉尘浓度传感器基于此原理,由红外发射器发出的特定波长红外光,通过需要采集浓度的粉尘空间,被粉尘介质吸收。基于上述函数关系式,得到光强数值,最终由嵌入的微处理器计算粉尘浓度,并显示出实时的空间粉尘介质浓度数值。粉尘浓度传感器原理图如图 5.12 所示。

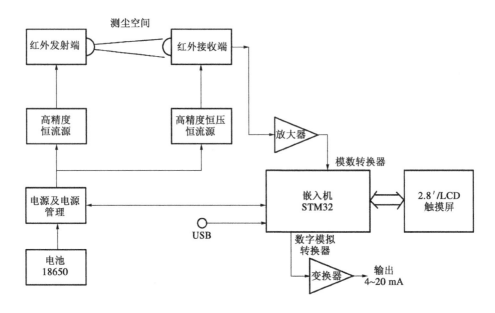

图 5.12　粉尘浓度传感器原理图

5.3.3　粉尘浓度传感器系统组成

粉尘浓度传感器在结构上采用单光源、双光路、双气室(检测气室和标定气室)结构,其中一个气室用于标定,这消除了同性干扰的影响,提高了检测精度。为实现设计功能、提高传感器的性能,外围电路主要包括红外光源和光学系统、恒流源、恒压恒流源、专用放大器、STM32 微处理器、滤波电路、电源等。粉尘浓度传感器系统组成如图 5.13 所示。

图 5.13　粉尘浓度传感器系统组成

(1) 红外光源和光学系统

红外光源发射器性能好坏直接关系到光路系统的稳定性以及红外探测器对光信号的接收与处理。因此我们使用高稳定性、窄光谱波段的光源。选择 F5940 光源，输出谱线从可见光到红外光 5 μm 处，输出稳定，使用寿命长，尤其是在间歇状态下。粉尘浓度传感器的光源采用 940 nm。

红外光源接收探测器也是红外检测系统中的核心元件：它将待测气体吸收后剩余的光能转换为电信号(电压或电流等)。粉尘浓度传感器设计中光电探测器的有效面积为 10 mm×10 mm，波长范围为 320～1 100 nm，峰值为 950 nm，响应时间为 1.2 μs。它是一种大光敏面的高灵敏度、高效率的光电探测器件，适用于微光功率及照度计的探头，在零偏电压下工作。在该条件下，探测器具有良好的均匀性、极好的线性度和快的响应速度等特点。

小型光学聚焦系统：小型渐变折射率透镜组成的气体气室使入射光经过透镜后先聚焦，然后传输到另一面透镜上，这样发散的反射光不能够返回光路，由此产生的相干噪声就可以消除，信号的噪声比也因此提高了 5 倍。

(2) 恒流源

恒流源是能够向负载提供恒定电流的电源，因此应用范围非常广泛，并且在许多情况下是必不可少的。例如当使用蓄电池做供电电源时，蓄电池处于放电状态，随着蓄电池端电压的逐渐降低，红外发射管的电流就会相应减小，发出的红外光强度随之降低。这就直接影响了光源的稳定性，为保证光源稳定工作，必须采用恒流源。恒流源既可以为各种放大电路提供偏流以稳定其静态工作点，又可以作为其有源负载，以提高放大倍数。

高精度恒流源是粉尘浓度传感器高精度测量的重要保障。但高精度恒流源多数并没有成品可直接采购，因此需要自行设计实现。粉尘浓度传感器的研发采用了场效应管恒流源。基本的场效应管恒流源电路如图 5.14 所示。

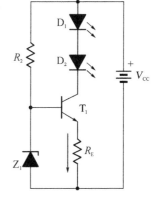

图 5.14　恒定电流驱动方式

恒流源电路稳定，驱动光源用 LM317 驱动，用低频控制增强光源辐射，减缓老化。

(3) 恒压恒流源

为保证红外接收器的稳定性和精度，粉尘浓度传感器需要采用高精度的恒压恒流源。随着微电子工艺的高度发展，出现了许多小型化、集成化的高精度电压源，粉尘浓度传感器采用 MC34063 单片双极型线性集成电路(图 5.15)，专用于直流-直流变换器控制部分。片内包含温度补偿带隙基准源、一个占空比周期控制振荡器驱动器和大电流输出开关，能输出 1.5 A 的开关电流。它能使用最少的外接元件构成开关式升压变换器、降压式变换器和电源反向器。

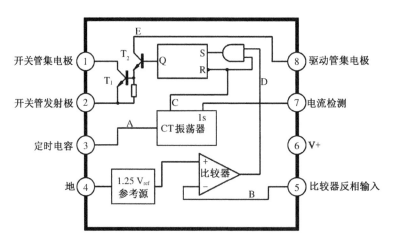

图 5.15　MC34063 内部框图

MC34063 的主要特点为：

① 能在 3.0~40 V 的输入电压下工作；

② 短路电流限制；

③ 低静态电流；

④ 输出开关电流可达 1.5 A（无外接三极管）；

⑤ 输出电压可调；

⑥ 工作振荡频率从 100 Hz 到 100 kHz。

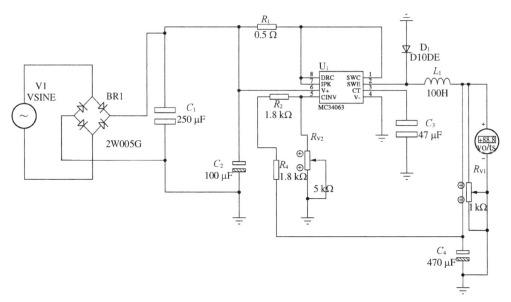

图 5.16　MC34063 电源电路图

图 5.15 和图 5.16 分别为 MC34063 的内部框图和 MC34063 的电源电路图，结合图 5.15 和图 5.16 对 MC34063 组成的电路工作过程进行分析，具体如下：

① 比较器的反相输入端(脚 5)通过外接分压电阻 R_1、R_2 监视输出电压。其中,输出电压 $U_0=1.25(1+R_2/R_1)$。由公式可知输出电压 U_0 仅与 R_1、R_2 的数值有关,这是因为 1.25 V 为基准电压,恒定不变。若 R_1、R_2 阻值稳定,则 U_0 亦稳定。

② 脚 5 电压与内部基准电压 1.25 V 同时送入内部比较器进行电压比较。当脚 5 的电压值低于内部基准电压(1.25 V)时,比较器输出为跳变电压,开启 R-S 触发器的 S 脚控制门。R-S 触发器在内部振荡器的驱动下,Q 端为"1"状态(高电平),驱动管 T_2 导通,开关管 T_1 亦导通,使输入电压 U_i 向输出滤波器电容 C_0 充电以提高 U_0,达到自动保持 U_0 稳定的目的。

③ 当脚 5 的电压值高于内部基准电压(1.25 V)时,R-S 触发器的 S 脚控制门被封锁,Q 端为"0"状态(低电平),T_2 截止,T_1 亦截止。

④ 振荡器的 Ipk 输入(脚 7)用于监视开关管 T_1 的峰值电流,以控制振荡器的脉冲输出到 R-S 触发器的 Q 端。

⑤ 脚 3 外接振荡器所需要的定时电容 C_0 电容值的大小取决于振荡器频率的高低,亦取决于开关管 T_1 的通断时间。

MC34063 升压电路的原理是:当芯片内开关管 T_1 导通时,电源经取样电阻 R_{sc}、电感 L_1、MC34063 的 1 脚和 2 脚接地,此时电感 L_1 开始存储能量,C_0 对负载提供能量。当 T_1 断开时,电源和电感同时给负载和电容 C_0 提供能量。电感在释放能量期间,其两端的电动势极性与电源极性相同,相当于两个电源串联,因此负载上得到的电压高于电源电压。开关管导通与关断的频率称为芯片的工作频率。只要此频率相对负载的时间常数足够高,负载上便可获得连续的直流电压。

交流电源经电桥做全波整流,之后经电容 C_1 进行滤波,得到一个固定值的直流电压,经含有 MC34036 芯片的 DC/DC 变换电路使刚才不变的直流电压变成可变的直流电压。比较器的反相输入端(脚 5)通过外接分压电阻 R_1、R_2 监视输出电压。

(4) 专用放大器

粉尘浓度传感器设计了微弱信号光电转换的专用放大器。使用 AD620 芯片,它是 CMOS 工艺集成的斩波稳零高精度运算放大器,输入电阻为 1 012 Ω,偏置电流在 25 ℃时为 1.5 pA,失调电压为 1 V,失调电压温度系数为 0.01,共模抑制比为 130 dB,具有其他高阻运算放大器没有的自动稳零优点,同时它能很好地抑制温漂和放大微弱直流信号或缓慢变化的信号。

经过反复论证测试,该放大器具有精度高、噪声小、功耗低、零漂移、使用简单等优点,完全能满足粉尘浓度传感器的信号放大要求。

(5) STM32 微处理器

嵌入单片机是测尘仪的大脑,我们选用高性能低功耗的 STM32 微处理器(图 5.17),它使用 Cortex-M3 内核。结合 STM32 平台的设计理念,开发人员通过选择产品可重新优化功能、存储器、性能和引脚数量,以最小的硬件变化来满足个性化的应用需求。

微处理器采用 ARM 高性能 Cortex-M3 内核，1.25 DMIPS/MHz，最高工作频率为 72 MHz。它具有一流的外设，1 μs 的双 12 位 ADC，4 Mbit/s 的 UART，18 Mbit/s 的 SPI，18 MHz 的 I/O 翻转速度。处理器功耗低，在 72 MHz 时消耗 36 mA（所有外设处于工作状态）。另外还具有集成度高、多通道 A/D 转换器、多个通信接口等特点。

微处理器的主要特征为：① 工作电压：12～36 V；② 兼容 5 V 的 I/O 管脚；③ 优异的安全时钟模式；④ 带唤醒功能的低功耗模式；⑤ 内嵌复位电路；⑥ 工作温度：−40～85℃。

经过测试，STM32 微处理器能完全满足研制的粉尘浓度传感器的数据处理、运算等功能要求。

图 5.17　STM32 微处理器

(6) 滤波器

在控制系统的模拟输入信号中，一般含有各种噪声和干扰，它们来自被测信号源本身、传感器、外界干扰等。为了进行准确测量和控制，必须消除被测信号中的噪声和干扰。噪声有两大类：一类为周期性的，其典型代表为 50 Hz 的工频干扰，对于这类信号，采用积分时间等于 20 ms 整倍数的双积分 A/D 转换器，可有效地消除其影响；另一类为非周期的不规则随机信号，对于随机干扰，可以用数字滤波方法予以削弱或过滤。滤波就是把一个混合信号的某些分量分离出来或把它过滤掉。滤波器是一种选频装置，它只允许一定频带范围的信号通过，同时极大地衰减其他频率成分。

粉尘浓度传感器的研发采用双重滤波的方法，即采样值经过低通滤波后，再经过一次高通滤波。这样，结果更接近理想值，这实际上相当于多级 RC 滤波器。

① 低通滤波

将普通硬件 RC 低通滤波器的微分方程用差分方程来表示，便可以用软件算法模拟硬件滤波的功能。经推导，低通滤波算法如下：

$$Y(K) = \alpha X(K) + (1-\alpha)Y(K-1) \tag{5.4}$$

其中，$X(K)$ 为本次采样值；$Y(K-1)$ 为上次的滤波输出值；α 为滤波系数，其值通常远小于 1；$Y(K)$ 为本次滤波的输出值。

由公式可以看出，本次滤波的输出值主要取决于上次滤波的输出值（注意不是上次的采样值，这和加权平均滤波有本质区别），本次采样值对滤波输出的影响是比较小的，但多少有些修正作用。

这种算法模拟了具有较大惯性的低通滤波功能，当目标参数为变化很慢的物理量时，效果很好，但它不能滤除高于 1/2 采样频率的干扰信号。

② 复合数字滤波

为了进一步提升滤波效果,有时可以把 2 种或 2 种以上具有不同滤波功能的数字滤波器组合起来,组成复合数字滤波器,或称多级数字滤波器。

例如防脉冲干扰平均值滤波就是一种应用实例,这种滤波方法兼顾了中值滤波和算术平均值滤波的优点,因此无论是对于缓慢变化的信号,还是对于快速变化的信号,都能获得较好的滤波效果。

(7) 电源

新研制的粉尘浓度传感器使用 18650 锂电池,电池的理论寿命为循环充电 1 000 次,1 节即可满足粉尘浓度传感器的电源需求。18650 锂电池在工作中的稳定性能非常好,广泛应用于电子领域,如笔记本、随身电源、无线数据传输器、便携仪器仪表、便携式打印机、工业仪器、医疗仪器等。

锂电池具有质量轻、容量大、无记忆效应以及不含有毒物质等优点。锂电池的能量密度很高,它的容量是同质量镍氢电池的 1.5~2 倍,而且具有很低的自放电率。此外,锂电池几乎没有"记忆效应",这也是它广泛应用的重要原因之一。

5.3.4 粉尘浓度传感器主要技术指标

BFC-1 高浓度粉尘传感器是本质安全型产品,可应用于煤矿的各种工况条件的高浓度煤粉测试,也可应用于其他各种粉尘的浓度测量。主要技术指标为:

(1) 测尘浓度范围:0~150 g/m³;
(2) 误差:小于 10%;
(3) 显示:2.8″LCD 触摸屏;
(4) 储存测点:1 000 个;
(5) 电源:锂电池 18650 1 节;
(6) 工作时间:大于 10 h;
(7) 最大开路电压为 4.2 V;
(8) 最大短路电流小于 2 A;
(9) 引出电缆最大短路电流为 2.2 mA。

5.4 安全监测监控系统的开发与数据交互

5.4.1 安全监测监控系统概述

5.4.1.1 生产过程控制系统

该煤制油化工企业根据工艺装置的生产规模、流程特点、产品质量、工艺操作要求,以及全厂控制系统水平的总体要求,选择了艾默生 DeltaV DCS 生产过程控制系统(简称 DeltaV 系统),自动控制以集中监视、控制为主,实现了生产过程的数据采集、过程控制、信息处理、安全报警、联锁保护等功能,主要生产参数送入该煤制油工艺装置的 DCS 进行调节、记录、显示、报警等操作。设备的运行状态送入 DCS 进行显示;对于参量过低或过高将影响正常生产的工艺参数在 DCS 上设置超限报警,重要环节设联锁保护系统。

采用的 DeltaV 系统为简单灵活、先进的自动化系统,能够消除运营复杂系统的风险。DeltaV 系统总览如图 5.18 所示。

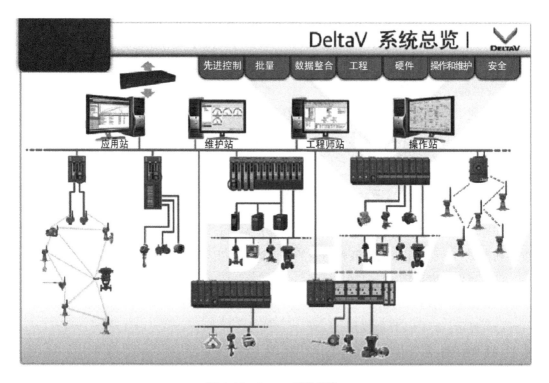

图 5.18　DeltaV 系统总览

DeltaV 系统通过简单、直观和交互操作的方式连接人员、过程和生产,充分利用当今的预测技术,改进复杂系统运行状况。DeltaV 系统有如下优点。

(1) 先进控制

DeltaV 系统先进控制提供一系列完整的应用,包括模型预测控制、回路监控和自适应整定、质量预测以及约束优化。不同于其他控制系统产品,DeltaV 系统先进控制内嵌在系统之中,并采用相同的工程环境、组态数据库和控制器平台。

(2) 报警

通过核心 DeltaV 系统,能够极其清晰地了解报警信息。其内置的保护功能可防止报警泛滥,并建立对更改式禁用报警的问责制。DeltaV 系统可以提高操作可靠性和控制力,使操作员的每项操作都准确有效。

(3) 批量控制和操作

批量控制通常涉及工厂内复杂排序的协调工作，同时确保使用正确的设备完成任务。艾默生的 DeltaV Batch 采用模块化设计，提供满足应用需要的可扩展性——无论是相对较小规模的试验工厂还是非常复杂的生产设施。DeltaV 系统的批量解决方案具有灵活的 I/O、嵌入式智能、直观操作环境、基于标准的数据连接以及注重数据完整性的优点。这意味着工厂中的各级决策者都能可靠、安全且实时地获得其所需的关键数据。

(4) 控制器和 I/O 多样

DeltaV 系统通过提供多种类型的控制器和 I/O，提高其灵活性，产品涵盖 M 系列和 S 系列。面向传统 I/O 的 M 系列硬件在安装过程中可灵活应用，并具有良好的可靠性和可用性，支持现有现场设备的多种 I/O 信号。S 系列提供基于电子布线技术的 I/O 按需配置技术，用户能够根据自己的需要随时随地增加各种 I/O。

(5) 数据集成

DeltaV 系统简化了现场的数据连接。在设备层，DeltaV 系统可为各种标准协议提供即插即用的运行和诊断功能：Wireless HART、HART、FOUNDATION Fieldbus、DeviceNet 和 Profibus DP。DeltaV 系统简化了企业级业务系统的连接，内置工业标准 OPC 以及 SOA Web 服务，以提供与网络上的艾默生的 MES、Syncade™ 以及其他系统连接服务。

5.4.1.2 安全系统

采用施耐德集团旗下的 Triconex 系列产品中的 Tricon 安全系统，针对现场工艺要求及关键工艺安装安全仪表系统(SIS)——紧急停车系统、可燃气体及有毒有害气体安全系统等安全子系统。

(1) 紧急停车系统

采用安全仪表系统即紧急停车系统，在紧急停车系统中采用三取二逻辑表决方式提供高度完善、无差错、不间断的过程控制，避免了由单点的故障导致的系统失效。如在磨煤机顶部安装温度传感器，用于监测磨煤机内部煤粉与循环气混合物的温度。

在煤粉收集器出口设置 O_2、CO 浓度监测点，在热风炉出口、备煤粉煤仓顶部设置 O_2 浓度监测点，用于实时监测管路内循环气 O_2、CO 浓度，监测备煤粉煤仓内 O_2 浓度，保证循环气在煤粉输送及循环过程中 O_2 浓度低于 8%，防止煤粉自燃或爆炸，并与整个备煤区 DCS 生产系统进行联锁，当氧气浓度超过 9% 时，按照预定设置进行紧急停车。

在粉煤仓过滤器排放气体处设置 O_2 浓度监测点，防止 O_2 浓度超标，防止加压输送粉煤仓内煤粉自燃或爆炸。但是，在煤粉泄漏监测及预防方面，安装的监测设备及采取的其他措施较少，其中紧急停车系统多与关键工艺、关键设备相互联锁，起到保护关键设备及满足工艺要求的作用。

(2) 可燃气体及有毒有害气体安全系统

可燃气体及有毒有害气体安全系统主要用于可燃气体及有毒有害气体的安全监测，在热风炉的顶部等位置布置了少量的 H_2 及 CO 气体监测仪表。在其他煤粉容器均进行了充氮保护，以降低氧含量；煤粉研磨及循环气管路均为密闭环境，泄漏的可能性较小，同时采用负压设计，尽可能降低煤粉泄漏的风险。煤粉加压输送过程中，输送管路均采用气密性好的金属管道连接，保证了输送过程的可靠性。同时，在煤粉加压输送过程中采用 CO_2/N_2 惰性气体进行保护。

Tricon 安全系统是强容错性和高可靠性的控制系统，该系统可以识别和处理控制系统元件的故障，并允许在继续完成指定任务的同时，对故障元件进行修复，不中断过程控制，适用于紧急停车系统、火气系统、锅炉管理系统及压缩机组控制系统，其高冗余性和高可靠性结构为满足安全性需求提供了灵活、可靠而强大的解决方案。该方案能够最大限度地减少操作、工程及维修，降低全生命周期的管理成本，满足系统的安全运行要求。Tricon 安全系统构架如图 5.19 所示。

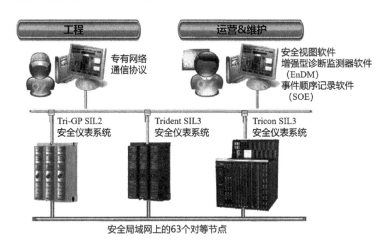

图 5.19 Tricon 安全系统架构

Triconex 系列安全控制系统是基于三重模件冗余结构的先进容错控制器。它将并行的控制系统（每路称为分电路）和广泛的诊断集成在一个系统中，采用三取二逻辑表决方式提供高度完善、无差错、不间断的过程控制，不会因为单点的故障而导致系统失效。传感器信号在输入模建中被分为隔离的三路，通过三个独立的通道，分别送到三个处理器中，处理器间的 TRIBUS 总线按多数原则对数据进行表决，并纠正任何输入数据的偏差，此过程保证每个处理器使用相同的表决后的数据完成应用程序。

TriconexTMR 系列产品被广泛应用于化工、电力、轨道交通和核电等行业，具体如下。

(1) 安全仪表系统(SIS)——紧急停车系统

该系统对核电站、化工和其他过程工业的安全和关键单元提供连续的安全联锁和保护,并在必要时安全停车。

(2) 可燃气体及有毒有害气体安全系统

为免于火灾和有毒、有害及可燃气体的威胁,该系统还可以提供火气保护和紧急关断功能。其内置的诊断功能自动检测各个模件、现场信号线、传感器执行结构的故障,从而确保设备安全并提供最大的可用性。

(3) 关键流程/批次控制

采用安全系统对关键流程/批次过程进行控制,在安全前提下提高整体效率和生产率。

5.4.2 安全监测监控系统的开发

5.4.2.1 安全监测监控系统系统接入设备

为更全面、更系统地对煤粉泄漏及扩散进行监测监控,开发了安全监测监控系统。安全监测监控系统接入的设备类型包括粉尘浓度传感器、O_2 浓度传感器、CO 浓度传感器、监控摄像头、水雾喷淋装置等。

(1) 粉尘浓度传感器

粉尘浓度传感器分为低浓度粉尘传感器和高浓度粉尘传感器。低浓度粉尘传感器布置在犁式卸料器落煤口、减压过滤器出口管线上,用于监测落煤口、减压过滤器出口气体中煤粉的含量,防止煤粉含量超标,引起煤粉燃烧、爆炸事故;高浓度粉尘传感器布置在软连接、防爆板等易泄漏位置,用于监测泄漏后环境中的煤粉浓度。需要增设的粉尘浓度传感器如 5.2 小节表 5.5 所示。

(2) O_2 浓度传感器和 CO 浓度传感器

煤粉收集器/过滤器防止自燃监测点包括:原煤仓、原煤仓过滤器、煤粉收集器、煤粉制备粉煤仓、煤粉制备粉煤仓过滤器、减压过滤器、加压输送粉煤仓、加压输送粉煤仓过滤器等 8 个位置。原煤仓、煤粉制备粉煤仓、加压输送粉煤仓主要监测设备储罐内部的 CO 气体浓度和 O_2 浓度,防止内部煤粉自燃。原煤仓/煤粉制备粉煤仓过滤器、煤粉收集器、减压过滤器、加压输送粉煤仓过滤器均安设了 CO 浓度传感器和 O_2 浓度传感器。CO 浓度传感器主要用于监测设备检修时内部 CO 浓度,防止过滤器内煤粉或收尘布袋自燃造成检修人员 CO 气体中毒。O_2 浓度传感器主要用于监测设备打开时内部的 O_2 浓度,防止因内部 O_2 浓度不足造成检修人员窒息,O_2 浓度传感器可在现场就地显示,不再设置报警控制指标。

(3) 监控摄像头和水雾喷淋装置

现有的软连接易磨损泄漏点安装了数量不一的消防水喷淋装置,煤粉泄漏后启动喷淋装置降尘,具体安装位置及数量如表 5.6 所示。同时,在泄漏点楼层安装了不同数量的监控摄像头,如表 5.4 所示。监控摄像头及水雾喷头数量均需要增加,具体如 5.2 小节所示。

安全监测监控系统主要对防爆板、软连接等易泄漏位置煤粉泄漏后环境煤尘浓度、煤粉易自燃位置 CO 气体浓度、监控摄像头、水雾喷淋装置进行监测和控制,并对粉尘浓度、CO 气体浓度设定控制指标临界值,在超过设定限值后进行报警。系统包括高/低浓度粉尘传感器、CO 浓度传感器、O_2 浓度传感器、粉尘监测 PLC 控制箱、交换机、监控主机等。其结构示意图如图 5.20 所示。

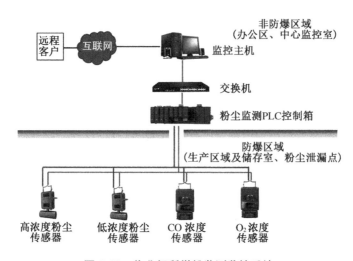

图 5.20 作业场所煤粉监测监控系统

5.4.2.2 安全监测监控系统的工作原理

新开发煤粉泄漏、自燃安全监测监控系统主要是为了监控易泄漏位置的煤粉浓度、易自燃位置的 CO 气体浓度、过滤器中的氧气浓度,控制监控摄像头及水雾喷淋装置。在煤粉易泄漏位置安装高/低浓度粉尘传感器,在原煤仓、粉煤仓、煤粉收集器、过滤器、热风炉出口管线等煤粉易自燃位置、热惰性气体输送位置等安装 CO 或 O_2 浓度传感器。高/低浓度粉尘传感器、CO 或 O_2 浓度传感器采集现场实时浓度后,将其转换成 4~20 mA 的电流信号接入隔离式安全栅,进入粉尘监测 PLC 控制箱,PLC 进行量程转换,将采集到的实时值通过互联网传递给操作员站,供其查看及设置报警,根据相应的预案进行下一步操作。

5.4.2.3 安全监测监控系统的功能及特点

安全监测监控系统主要功能及特点如下:

(1) 可实现煤粉智能防治设备运行状态、工作参数的远程在线监测和控制;

(2) 可实现粉尘作业场所粉尘浓度、有毒有害气体浓度、CO 气体浓度、O_2 浓度、温湿度等环境参数的远程监控、数据存储、查询、报表绘制等功能;

(3) 多级用户管理,有强大的查询及报表输出功能,可以数据、曲线、柱状图方式提供班报、日报、旬报,报表格式可由用户自由编辑;

(4) 系统中心站监控软件采用模块化面向对象设计技术,网络功能强、集成方式灵活,可满足不同应用规模需求。

新开发煤粉泄漏、自燃安全监测监控系统的架构采用设备层、系统层、应用层三层设计,便于设备维护及扩展。在硬件方面,系统由粉尘浓度传感器、信号分离器、监测监控系统控制箱、交换机、操作员站等组成(图 5.21)。

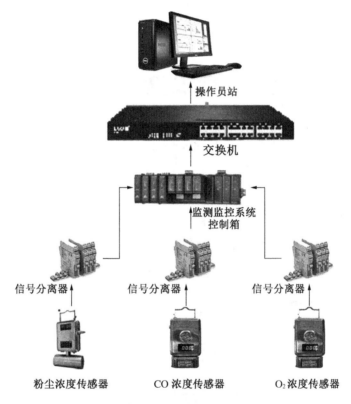

图 5.21 系统硬件拓扑图

在软件方面,安全监测监控功能架构的核心是分布式区域实时数据库,其他应用程序或者功能模块通过与区域实时数据库交互而实现其功能。系统的主要功能模块包括实时数据库、设备通信服务程序、HMI 画面、网络通信程序、接口 SDK、Web 应用服务、关系数据转储、数据转发、扩展组件等几个部分。安全监测监控系统可以和其他产品无缝集成,充分发挥其作为站控自动化系统的优势,与数据库等产品共同为客户打造一个适合于各类行业应用的企业智能信息化管理系统。

监测控制系统具有以下特点:

(1) 灵活的系统架构

安全监测监控系统具有灵活的应用架构,可以自由构建不同规模的应用,从单用户的客户机、服务器系统到 C/S、B/S、冗余等混合应用的大型系统。系统具有灵活的扩展性,可方便地添加客户机,不会对现有系统造成任何影响。内置的 Web 服务器,经过简单配置就可以进行发布,实现在任何地方对生产过程的监控。

安全监测监控系统功能图如图 5.22 所示,其分布式体系结构可以保证"复杂任务"的动态负载平衡,充分保证超过多个客户端并发访问时的系统稳定性。系统具备极大的"自由的伸缩性",分布式可以表现在各个组件程序间的关系上,所有组件间通过一个内部的分布式实时数据库进行信息交互。系统把历史存储、报警、事件、IO 采集等各个功能组件分别建立在同一网络不同的服务器上,通过同一数据层进行数据交互,数据采集、运算处理和变量记录把负荷分散于整体系统的各个角落。

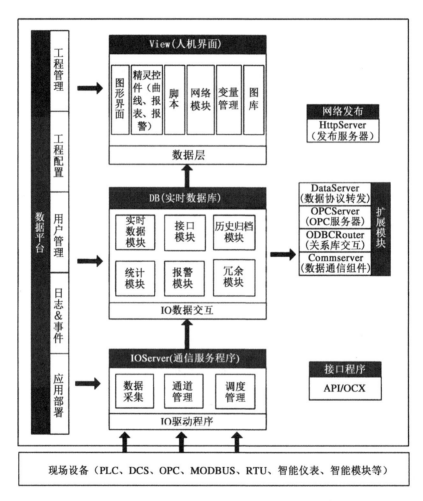

图 5.22 系统功能图

(2) 分布式实时/历史数据库

安全监测监控系统内嵌实时和历史数据库,具备分布式的数据源管理模式。支持按照区域部署的方式多层分级管理数据,区域实时数据库测点参数管理面向大型"工厂数字化模型"进行设计,可适应大规模系统的数据管理与历史数据归档,具备良好的数据查询、备份、插入、导入、导出、查看机制,方便扩展应用。历史归档支持独立的历史服务器的设计和部署,支持数据的逻辑压缩和物理压缩算法。

(3) 灵活方便的模板化设计环境

安全监测监控系统提供集成化的设计环境,用户可以打造自己的开发环境和操作风格,支持多人协作和工程分辨率的调整,支持系统一机多屏配置,方便构建大型调度系统。

系统支持工程模板、窗口模板、画面模板、对象模板等,支持工程模型的导入与导出、方便快速进行工程组态,提供了快速的曲线、报表、报警的模板。

系统具备丰富的"矢量"行业图库集,提供上千种丰富的图形元素和基本图元(直线、矩形、椭圆、多边形等),提供典型的如开关手操器、模拟手操器、PID 手操器等面板,提供自定义图库开发工具,用户可以方便地生成自己的自定义图库。

系统可嵌入各种格式(BMP、GIF、JPG、JPEG、CAD 等)图片,通过图片浏览组件可方便浏览快照,画面图元和 Flash 图元支持以多种动画连接方式构建动态的流程画面。相应图库如图 5.23 所示。

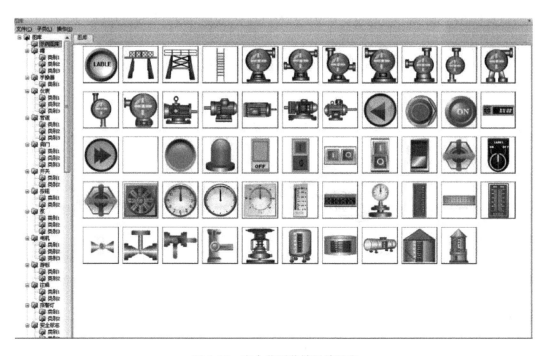

图 5.23　安全监测监控系统图库

(4) 便捷的第三方系统集成环境

安全监测监控系统提供丰富的集成插件,可通过后台标准化接口实现多个组件间的内部对象化操作,完成外部系统的集成,典型的复合组件包括标准关系库集成工具、视频集成组件、GIS 组件、条形码组件等。

系统可以与视频监控系统进行良好的集成,支持 SCADAD 画面与视频画面进行联动,可以与数字视频技术基于服务器端与客户端方式实现开放融合。

视频监控组件如图 5.24 所示,可以实现视频图像的实时播放、存储、捕捉和回放,可以播放各种格式的视频、音频文件,可以有效集成视频监控。

图 5.24 视频监控组件

(5) 强大的数据采集与转发能力

安全监测监控组态系统支持以多种通信方式与不同种类的设备进行数据通信,支持通过 RS232、RS422、RS485、电台、电话轮巡拨号、移动 GPRS、CDMA、GSM 网络等方式和设备进行通信。

系统支持与国内外主流的 PLC、SCADA 软硬件、DCS、PAC、IPC 等设备的通信与联网等;支持通过 OPC、ODBC、OLEDB 等访问技术与信息化系统连接,并进行数据采集工作;支持以 OPC、MODBUS、101、104 等协议对外转发数据完成联网。

(6) Web 网络发布功能

安全监测监控系统具备独立的 Web 发布功能,Web 通信的负载均衡使系统具备高容量的数据吞吐能力和良好的健壮性,支持几百个 Web 客户端并发访问。

系统支持以 Web 方式的 DrawCom 控件进行网络发布,该控件增强了与调用者的交互机制,可通过内部的脚本函数输出信息与外部调用者完成交互,也支持以第三方的 ActiveX 控件进行 Web 发布。

(7) 系统接口及开放性

安全监测监控系统采用多进程与多线程的设计和开放式体系架构,全面支持 DDE、OPC、ODBC/SQL、ActiveX、.NET 标准,可以提供实时、历史和报警数据的远程访问接口,提供自定义图形的接口,以 OLE、COM/DCOM、动态链接库等多种形式提供外部访问接口。

安全监测监控系统具备强大的对象及 OCX 容器,支持系统灵活扩展访问方式,开放的图形界面支持封装成 ActiveX 控件,通过"脚本"利用 ActiveX 控件容器可以完美地集成第三方的 ActiveX 插件,并且支持以第三方的 ActiveX 控件进行 Web 发布。以 WPF 等.NET 框架开发的程序可以集成到安全监测监控系统的图形界面环境中。

5.4.2.4 安全监测监控系统详细设计

以某煤制油化工企业备煤一区安全监测监控为例,该区域低浓度煤尘浓度监测点位置主要有犁式卸料器落煤口(2个)、减压过滤器出口至低温甲醇洗管线,量程有 $0\sim1\,000\,\mathrm{mg/m^3}$、$0\sim100\,\mathrm{mg/m^3}$ 两种。低浓度粉尘传感器的安装数量共计 16 台($2\times6+1\times4=16$),可实时监测煤尘浓度。

高浓度粉尘浓度监测点位置主要为软连接、防爆板等易泄漏位置。根据工艺过程安全性评估及煤粉浓度监测分析,安装高浓度粉尘传感器的位置主要为:旋转给料阀下方软连接及煤粉收集器人孔区域、纤维分离器上方软连接区域、煤粉制备粉煤仓顶部软连接及防爆板区域、粉煤仓锥部软连接区域、发送罐顶部软连接区域、加压输送粉煤仓顶部防爆板区域等。高浓度粉尘传感器的安装数量共计 34 台($5\times6+1\times4=34$),可实时监测环境中煤尘浓度,量程为 $0\sim150\,\mathrm{g/m^3}$。安全监测监控系统出现煤尘浓度报警信号时,立即启动触发水雾喷淋装置开关,对泄漏位置喷淋降尘。同时,安全监测监控系统将报警信号传输至自动抑爆装置控制系统,当同时出现火焰信号时,启动抑爆装置。

根据监测监控参数及控制指标的分析,在煤粉易自燃危险点及热风炉出口热惰性气体输送管线监测 CO 气体浓度。CO 浓度监测点的布置位置有原煤仓顶部、煤粉制备煤仓顶部、原煤仓过滤器上部、煤粉制备粉煤仓过滤器上部、煤粉收集器上部、热风炉出口管线、加压输送粉煤仓顶部、减压过滤器上部、粉煤仓过滤器上部。CO 浓度传感器的安装数量共计 48 台($6\times6+3\times4=48$),可实时监测设备运行或检修时的 CO 气体浓度,量程为 $0\sim1\,000\,\mathrm{ppm}$。

为监测煤粉自燃危险及设备检修时过滤器内的 O_2 浓度,安装 O_2 浓度传感器并接入安全监测监控系统。O_2 浓度传感器的安装位置有原煤仓过滤器上部、煤粉制备粉煤仓过滤器上部、煤粉收集器上部、加压输送粉煤仓过滤器上部、减压过滤器上部。煤粉收集器及其他过滤器上的 O_2 浓度传感器主要用于监测检修时设备内的氧气浓度,防止检修人员进入后窒息。O_2 浓度传感器的安装数量共计 26 台($3\times6+2\times4=26$),主要检测除尘过滤器类设备检修时内部的 O_2 浓度,可在现场就地显示,不再设置监控软件报警值。

新开发的安全监测监控系统需要接入监控摄像头,以实现远程设备及泄漏危险点监控。目前系统生产厂区在粉煤制备区安装了 8 个摄像头,如表 5.4 所示。根据 5.2.1.2 节的分析,在煤粉收集器锥部、纤维分离器、煤粉制备粉煤仓顶部、粉煤仓锥部、发送罐及加压输送粉煤仓顶部所在楼层新增 11 个摄像头,可实现楼层的全覆盖,共计 19 个监控摄像头。由新开发的安全监测监控系统进行监控,实时显示,当出现泄漏危险时,启动水雾喷淋装置。

新开发的安全监测监控系统需要接入水雾喷淋装置,进行煤粉泄漏后扩散的主动控制。目前系统生产厂区在粉煤制备区 2~6 层共安装了 44 个水雾喷头,如表 5.6 所示。根据 5.2.2.2 节的分析,在每条生产线皮带输送机犁式卸料器落煤口增加 4 个水雾喷头,在旋转给料阀下部软连接处增加 8 个喷头(每个煤粉收集器锥部增加 2 个水雾喷头),在加压输送粉煤仓顶部增加 5 个水雾喷头,共增加 92 个($4×6+8×6+5×4=92$)水雾喷淋装置喷头。当粉尘浓度传感器监测到煤粉泄漏并发出报警信号时,安全监测监控系统出现报警提示,主动开启水雾喷淋装置开关,进行喷雾降尘,防止煤粉大范围扩散。

安全监测监控系统对粉尘浓度传感器、CO 浓度传感器、O_2 浓度传感器、监控摄像头进行监测,具体粉尘、气体传感器布置如图 5.25 所示。

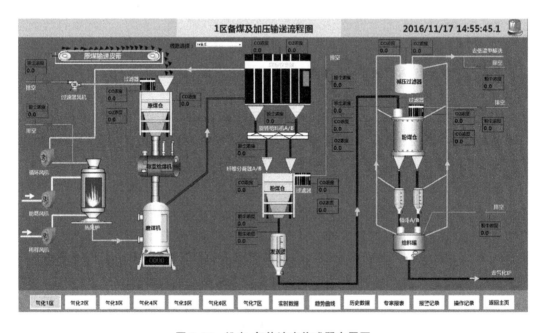

图 5.25 粉尘、气体浓度传感器布置图

煤粉泄漏监测监控系统选用国内先进系统,如 IFix、Intouch、DeltaV 等系统,可实现数据采集、流程图绘制、用户管理、实时/历史数据显示、存储、查询、报警记录、专家报表绘制、Web 发布、趋势曲线绘制等功能。

煤粉泄漏监测监控系统提供完备的安全保护机制,以保证生产过程的安全可靠,用户管理具备多个级别,并可根据级别限制对重要工艺参数进行修改,以有效避免生产过程中的误操作。提供了安全区的概念,提供基于远程的用户管理,增加更多的用户级别及安全区,管理用户的远程登录信息,如图 5.26 所示。

第5章 煤粉泄漏监测及扩散防治技术研究

图 5.26 登录界面

煤粉泄漏监测监控系统内嵌实时数据库,具备分布式的数据源管理模式。支持按照区域部署的方式多层分级管理数据,区域实时数据库测点参数管理面向大型"工厂数字化模型"进行设计,适应大规模系统的数据管理与历史数据归档,具备良好的数据查询、备份、插入、导入、导出、查看机制,方便扩展应用,如图 5.27 所示。

图 5.27 实时数据

煤粉泄漏监测监控系统内嵌报警服务器,该报警服务器是一个灵活的分布式报警构架,具备强大的报警存储、统计、分析、显示、查询、事件触发、打印等功能,并可以和语音、视频、多媒体进行联动,共同构建一个大型生产报警管理系统,如图 5.28 所示。

167

图5.28 报警记录

煤粉泄漏安全监测监控系统内嵌历史数据库,对实时数据进行海量历史数据归档,提供历史数据接口服务。历史数据存储归档支持数据定时存储、条件存储、变化压缩存储、趋势压缩存储等多种存储技术,具备更强大的生产数据分析与统计功能,如图5.29所示。

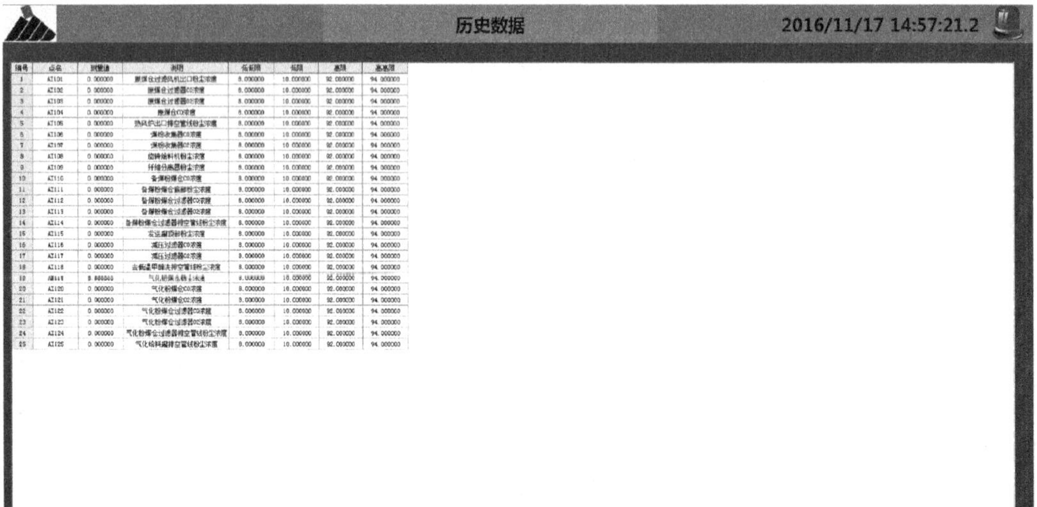

图5.29 历史数据示意图

第 5 章 煤粉泄漏监测及扩散防治技术研究

煤粉泄漏安全监测监控系统内嵌操作记录组件,该组件能记录系统各种状态的变化和操作人员的活动情况。当产生某一特定系统状态时,比如某操作人员的登录、注销,站点的启动、退出,用户修改了某个变量值等,事件记录即被触发,不需要操作人员应答,如图 5.30 所示。

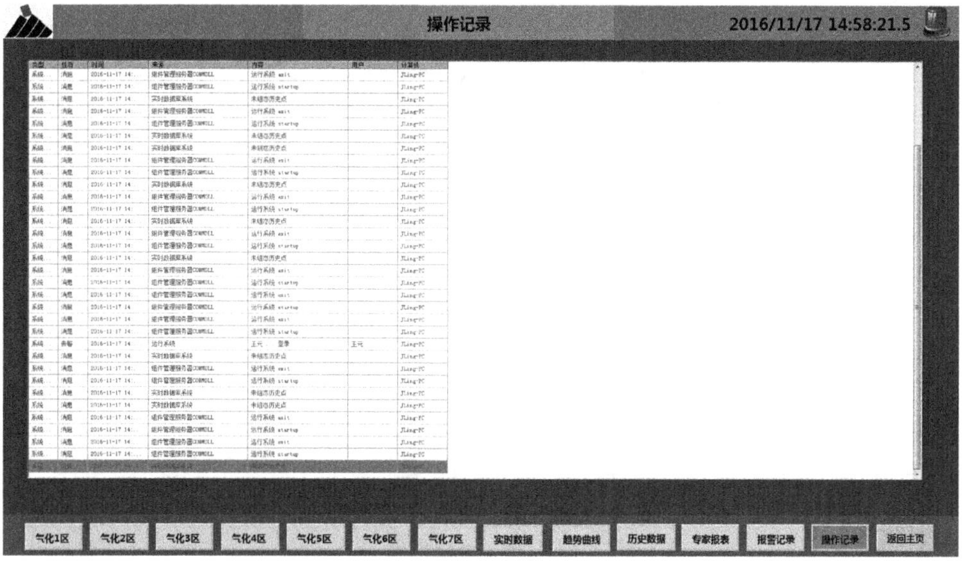

图 5.30 操作记录示意图

煤粉泄漏安全监测监控系统内嵌丰富的分析曲线组件,包括趋势曲线(图 5.31)、XY 曲线、温控曲线、饼图、棒图等,曲线和报表组件不仅可以展现实时/历史数据库的数据,还支持曲线的左右、上下移动及缩放功能。

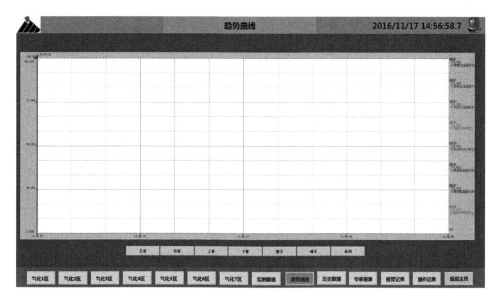

图 5.31 趋势曲线

煤粉泄漏安全监测监控系统内嵌丰富的报表工具，可灵活地制作各类常见生产报表（日报表、月报表、年报表等），也可灵活地制作各类复杂格式报表，能够实现对实时、历史和统计数据的查询、显示、打印和输出，如图5.32所示。

图 5.32　专家报表

煤粉泄漏安全监测监控系统具备独立的 Web 服务器，WebServer 实现了服务器端与客户端画面的高度同步，Web 页面自动适应服务器工程分辨率。Web 客户端与网络服务器的实时数据传输采用事件驱动机制、变化传输方式，IE"瘦"客户端显示的监控数据具有更好的实时性。Web 通信的负载均衡使系统具备高容量的数据吞吐能力和良好的健壮性，支持几百个 Web 客户端并发访问，如图5.33所示。

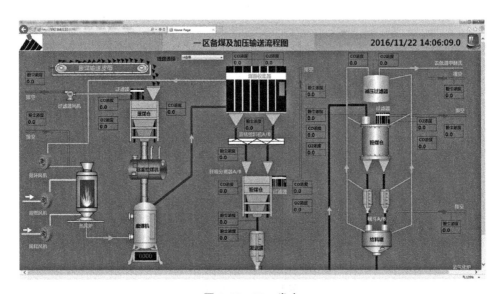

图 5.33　Web 发布

煤粉泄漏安全监测监控系统硬件选用先进的可编程逻辑控制器/分散控制系统（PLC/DCS），如西门子、施耐德、艾默生等一线品牌产品，结合其丰富的 IO 模型，采集高/低浓度粉尘传感器 4~20 mA 电流信号，控制现场喷淋装置的开启与关闭。煤制油项目煤粉泄漏安全监测监控系统设备清单如表 5.9 所示。

表 5.9 煤粉泄漏安全监测监控系统硬件选型

序号	监测监控对象	硬件类型	硬件数量	硬件安装位置
1	犁式卸料器落煤口粉尘浓度	低浓度粉尘传感器	2×6 支	皮带输送机犁式卸料器 2 个落煤口
2	原煤仓过滤器 CO 气体浓度	CO 浓度传感器	6 支	原煤仓过滤器上部
3	原煤仓过滤器 O_2 浓度	O_2 浓度传感器	6 支	原煤仓过滤器上部
4	原煤仓 CO 气体浓度	CO 浓度传感器	6 支	原煤仓顶部
5	煤粉收集器 CO 气体浓度	CO 浓度传感器	6 支	煤粉收集器上部
6	煤粉收集器 O_2 浓度	O_2 浓度传感器	6 支	煤粉收集器上部
7	旋转给料阀软连接处粉尘浓度	高浓度粉尘传感器	6 支	旋转给料阀与煤粉收集器灰斗中间区域
8	纤维分离器粉尘浓度	高浓度粉尘传感器	6 支	纤维分离器软连接区域
9	煤粉制备粉煤仓 CO 气体浓度	CO 浓度传感器	6 支	煤粉制备粉煤仓顶部
10	煤粉制备粉煤仓顶部软连接处粉尘浓度	高浓度粉尘传感器	6 支	煤粉制备粉煤仓顶部
11	煤粉制备粉煤仓底部软连接处粉尘浓度	高浓度粉尘传感器	6 支	煤粉制备粉煤仓底部
12	煤粉制备粉煤仓过滤器 CO 气体浓度	CO 浓度传感器	6 支	煤粉制备粉煤仓过滤器上部
13	煤粉制备粉煤仓过滤器 O_2 浓度	O_2 浓度传感器	6 支	煤粉制备粉煤仓过滤器上部
14	发送罐顶部粉尘浓度	高浓度传粉尘感器	6 支	发送罐顶部
15	热风炉出口热惰性气体 CO 气体浓度	CO 浓度传感器	6 支	热风炉出口至磨煤机气体输送管线

(续表)

序号	监测监控对象	硬件类型	硬件数量	硬件安装位置
16	减压过滤器 CO 气体浓度	CO 浓度传感器	4 支	减压过滤器
17	减压过滤器 O_2 浓度	O_2 浓度传感器	4 支	减压过滤器
18	去低温甲醇洗排空管线粉尘浓度	低浓度粉尘传感器	4 支	去低温甲醇洗排空管线
19	加压输送粉煤仓粉尘浓度	高浓度粉尘传感器	4 支	加压输送粉煤仓
20	加压输送粉煤仓 CO 气体浓度	CO 浓度传感器	4 支	加压输送粉煤仓
21	加压输送粉煤仓过滤器 CO 气体浓度	CO 浓度传感器	4 支	加压输送粉煤仓过滤器
22	加压输送粉煤仓过滤器 O_2 浓度	O_2 浓度传感器	4 支	加压输送粉煤仓过滤器
23	煤粉监测监控控制柜	自研	1 个	监控室
24	煤粉监测监控继电器及信号分离接线柜	自研	1 个	监控室
25	操作员站	Dell 商用机	1 台	监控室
26	工程师站	Dell 商用机	1 台	监控室

5.4.3 煤粉泄漏安全监测监控系统数据交互

新开发的煤粉泄漏安全监测监控系统是一个独立的、功能完善的监测监控平台,负责煤粉泄漏点的粉尘浓度及煤粉自燃参数 CO、O_2 浓度的实时监控及超限 1、2 级报警,煤粉泄漏时,自动开启喷淋装置。煤粉泄漏安全监测监控系统与企业现有系统进行数据交互,现有系统包括生产运营系统(DCS)、紧急停车系统(SIS)和可燃气体及有毒有害气体监测系统(GDS)。煤粉泄漏安全监测监控系统与以上三套系统可用两种方式进行数据交互:软件层数据交互(图 5.34)及硬件层数据交互(图 5.35)。不管是软件层数据交互还是硬件层数据交互,仅仅提供粉尘、CO、O_2 浓度采集值,不参与煤粉泄漏安全监测监控系统自身设备以外的设备控制。

对于煤粉泄漏安全监测监控系统软件层数据交互,系统将采集到的粉尘、CO、O_2 浓度及喷淋装置状态信号通过 OPC Server 统一发布,DCS、SIS、GDS 通过 OPC Client 端接收实时数据,根据粉尘、CO、O_2 浓度等实时值,设置报警值,启动关闭某个阀门操作,甚至进入紧急停车流程。

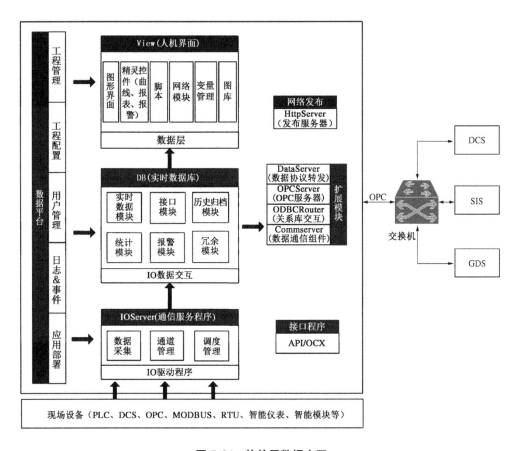

图 5.34　软件层数据交互

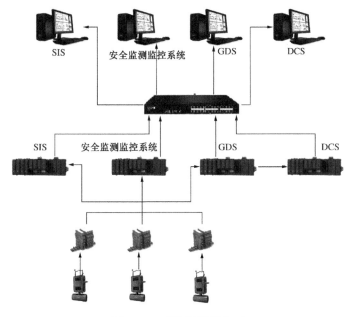

图 5.35　硬件层数据交互

对于煤粉泄漏安全监测监控系统硬件层数据交互,来自作业区域的粉尘、CO、O_2 浓度传感器的 4~20 mA 电流信号进入系统之前,将其 4~20 mA 的电流信号接入 1 入 3 出 (4~20 mA)隔离式安全栅,3 路 4~20 mA 电流信号分别进入煤粉泄漏安全监测监控 PLC 系统、紧急停车系统、可燃气体及有毒有害气体安全系统 GDS 柜。一路转换后的 4~20 mA 电流信号进入安全监测监控 PLC 系统后,经过量程转换等数据处理,通过 TCP/IP 网络接入煤粉泄漏安全监测监控系统。一路转换后的 4~20 mA 电流信号进入紧急停车系统后,供 SIS 联锁进行煤粉泄漏事故紧急停车。一路转换后的 4~20 mA 电流信号进入可燃气体及有毒有害气体安全系统后,可燃气体及有毒有害气体安全系统通过协议将数据与 DCS 进行交互,DCS 统一将数据接入其控制平台,供操作员实时监控、报警等。

第6章 煤粉爆炸防治关键技术研究

6.1 煤粉爆炸条件

煤粉爆炸必须同时具备四个条件：煤尘本身具有爆炸性；有适合浓度的氧气；煤尘要以适当浓度在空气中悬浮；有足够能量的点火源。现依据现场情况对后三个条件进行具体分析。

(1) 有适合浓度的氧气

煤化工备煤系统采用惰性气体进行保护，就是为了避免煤粉与氧气接触，即采取隔绝氧气的方式预防系统内部发生煤粉爆炸事故。但是实际作业中一旦因操作不当或机械损坏造成煤粉泄漏到空气中，如软连接破损、排空管漏粉、人孔泄漏等，煤粉就会与氧气充分结合达到爆炸条件。

(2) 煤尘要以适当浓度在空气中悬浮

煤化工备煤系统所制备的煤粉粒径在 500 μm 以下，其流动性强，泄漏后易扩散，在常规条件下煤粉浓度易处于爆炸极限浓度范围内，达到爆炸条件。

(3) 有足够能量的点火源

在煤化工备煤系统中常见的点火源种类包括：① 动火、气焊割等明火焰；② 热风炉及伴热的输送管线等高温物体；③ 电气火花（接线盒、开关、控制箱等漏电、短路、接触不良等）；④ 撞击与摩擦（使用铁制工具、运输工具撞刮、润滑不良轴承、氧化剂撞击）；⑤ 绝热压缩；⑥ 光线照射与聚焦（雷闪电、光线聚焦）；⑦ 化学反应放热（氧化燃烧、自燃）；⑧ 静电放电（电晕放电、静电积累、火花放电）等。以上点火源易满足爆炸点火能量要求，达到爆炸条件。

6.2 煤粉爆炸泄爆技术

6.2.1 泄爆防治技术

泄爆措施指在爆炸的初始阶段或爆炸扩展时，采取的使本来密闭的装置暂时地或持久地往无危险方向敞开的措施。煤粉爆炸会产生高达 0.6 MPa 的压力,而泄爆措施可以通过泄爆口,将内部空间的高压已燃和未燃煤粉导出到外部空间中,使内部压力迅速降低,以防止发生爆炸灾害。泄爆时最大爆炸压力、最大压力上升速率比未采取泄爆措施时均有很大程度的下降,它能使被保护的设备不被炸毁、人员免遭伤害。泄压装置包括爆破膜、防爆瓣阀、防爆盖和弹簧泄压装置等。由此可见,泄爆对于减轻爆炸危害有着极其重要的作用。另外,泄爆技术相对简单,成本较低,效果稳定可靠,是目前最有效、最经济的无毒无害的防爆措施之一。

6.2.1.1 重力防爆板

重力防爆板有水平布置和垂直布置两种,如图 6.1 所示。防爆板的作用是当煤粉受热膨胀时,造成系统压力过高,气流冲破膜板或顶开重力盖而泄压,达到保护设备和管道的目的。当仓体内部压力超过指定值时,防爆板重力盖自动打开,瞬间泄压,泄压后能自动复位。防爆板一般设置在燃油、燃气和燃烧煤粉的燃烧室外壁上,以防止燃烧室发生爆燃或爆炸时设备遭到破坏。

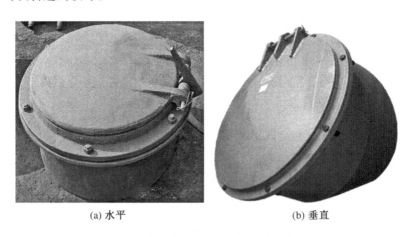

(a) 水平   (b) 垂直

图 6.1 水平布置及垂直布置重力防爆板

重力防爆板有以下优点:① 在发生爆炸的情况下,按照预先设定的爆炸入射压力与反射压力,防爆板能够抵挡该范围内的爆破压力,而达到必要的保护目的,防止造成人员伤亡和财产损失。② 在发生爆炸的情况下,没有达到预先设定的爆炸力,防爆板仍然能够正常使用。③ 发生爆炸后,爆炸力达到预先设定,防爆板发生变形,但防爆板的组件仍可维持使用,以避免人员被截留、阻困。④ 具有必要的密闭隔离功能,防止被隔离空间和外界空气直接对流,以减少被隔断、受保护的空间受到外界污染。⑤ 防爆板是一种安全设施,具有自闭功能和紧急逃生功能。

6.2.1.2 爆破片安全装置

爆破片(图 6.2)是化工装置的压力容器、管道或其他密闭系统防止超压的重要安全装置。它能在规定的温度和压力下爆破,泄放压力,保障人民生命和财产的安全,广泛用于石油化工、化肥、医药、冶金、家电等领域大型装置和设备上。爆破片又称防爆片、爆破膜、爆破板,是一种断裂型的安全泄压装置。当爆破片两侧压力差达到预定温度下的预定值时,爆破片即刻动作(爆破片上的膜片破裂或脱落),泄放出压力介质。

与安全阀相比,爆破片的优点是密封性能良好,气体一般不会渗漏;泄压反应较快,达到爆破压力后膜片立即破裂,气体即可大量排出;对介质中所含污染物不太敏感,气体中含有少量的黏稠物或粉状晶体一般不会影响它的动作与排放。爆破片装置是断裂型安全泄压装置,由爆破片和夹持器(图 6.3)两部分组成。爆破片是在标定爆破压力及温度下爆破泄压的元件,夹持器则是在容器的适当部位装接夹持爆破片的辅助元件。夹持器的作用:一是提供一个可以安全泄放容器内介质能量的泄放管口;二是保证爆破片周边夹持牢靠、密封严密;三是与爆破片元件匹配,使之在标定爆破压力爆破泄压。

图 6.2 爆破片

图 6.3 爆破片和夹持器

由于爆破片是利用膜片的断裂来泄压的,泄压以后不能继续使用,容器或系统内的气体被全部排空,容器或密闭系统也被迫停止运行。爆破片的爆破压力最高不大于 35 MPa,它适用于以下几种情况:① 不宜装设安全阀的压力容器,包括工作介质为不洁净气体的容器,因为安全阀有可能发生堵塞或黏结。② 物料起化学反应、压力急剧升高的反应容器,安全阀有滞后作用,不能迅速排放。③ 泄放介质含有颗粒、易沉淀、易结晶、易聚合和介质黏度较大。④ 泄放介质有强腐蚀性,使用安全阀时成本很高。⑤ 工艺介质十分贵重或介质为剧毒气体的容器,在工作中不允许有任何泄漏(安全阀密封性能差,有可能使剧毒气体渗漏),应与安全阀串联使用。⑥ 工作压力很低或很高时,选用安全阀其制造比较困难。⑦ 温度较低的情况,而此温度会影响安全阀的工作特性。⑧ 需要较大泄放面积的情况。⑨ 气体排放口小于 12 nm 或大于 150 mm,要求全量泄放或全量泄放时要求毫无阻碍的情况。

爆破片的型式包括以下几种:① 反拱型爆破片,爆破片的凸面受压,爆破压力由材质厚度和拱径决定。系统一旦过压,爆破片会反向拱起,并沿预先设定的刻痕完全打开。反拱型爆破片的特点:无须真空支架;处于循环/脉动条件下,使用寿命更长;无碎片设计。

②正拱型爆破片,爆破片的凹面受压,爆破片承受拉伸张力,爆破片的爆破压力由材质的拉伸张力决定。正拱型爆破片的特点:操作压力高达85%;真空条件下,需选用真空支架;处于循环/脉动条件下,使用寿命根据爆破片的型号有所不同;无碎片设计。③螺栓型和焊接型爆破片,有各种标准和非标准的设计,应用场景多。有些爆破片的使用是一次性的,有些设计成夹持器可重复使用或爆破片可更换。当标准件无法满足客户要求时,可按客户的要求进行设计、制造。④石墨型爆破片,石墨型爆破片由整块石墨制造而成。

选择爆破片型式时,应考虑以下几个因素:①普通正拱型爆破片由单层塑性金属材料制成,凹面侧向着介质,容器超载后爆破片发生拉伸破坏,适用于静载中压或高压。反拱型爆破片由单层塑性金属材料制成,凸面侧向着介质,受载后发生失稳破坏。失稳翻转后被装设在原凹面的刀具切破或整片脱落弹出。其失稳爆破压力对疲劳不敏感,因此适用于承受脉动载荷的压力容器。开缝正拱型爆破片由两片曲率相同的普通正拱型爆破片组合而成,凹面朝向着介质。与介质接触的一片由耐介质腐蚀的金属或非金属材料制成,不开缝槽,另一片由金属材料制成,拱型部分开设若干条穿透的槽隙,槽隙沿径向分布,两端为小孔,通过调节槽孔的疏密可调节爆破片的爆破压力。这种爆破片适用于中高压静载荷、介质有腐蚀性的容器。②高温对金属材料和密封膜的影响。③在安全阀前使用,爆破片爆破后不能有碎片;用于液体介质,不能选用反拱型爆破片;对于腐蚀性介质应注明爆破片的材料,或使用在与腐蚀性介质的接触面上覆盖非金属保护膜的正拱形爆破片。

爆破片与容器的连接管应为直管,阻力要小,管路通道截面积不得小于爆破片泄放面积。爆破片的泄放管应尽可能垂直安装,应避开邻近设备及操作人员所能接近的空间或密闭回收系统。出口管道应有足够管径和支撑,要考虑爆破时的反冲力和震动。介质易燃、有毒或有剧毒时,应将其引至安全地点妥善处理。泄放管内径应不小于爆破片泄放口径,并制定不被爆破片碎片堵塞的措施。爆破片单独用作泄压装置时,爆破片的入口管设置一个切断阀。切断阀应在开启状态加铅封。爆破片在安装时应清洁,并检验有无破损、锈蚀、气泡和夹渣。铭牌应朝向泄放侧。爆破片在安全阀前串联使用时,应在爆破片与安全阀之间设置压力表和排空阀。压力表和排空阀可设置在爆破片装置的夹持器上,订货时要说明;运行中应经常检查爆破片装置有无渗漏和异常。爆破片应定期更换,更换期限由使用单位根据本单位的实际情况决定。超过爆破片标定爆破压力而未爆破的,应予以更换。

煤粉制备工艺及加压输送工艺已经安设了泄压装置,煤粉收集器、粉煤仓选用的是重力防爆板,过滤器选用的是爆破片。两种装置作用相同,当煤粉受热膨胀时,造成系统压力过高,气流冲破膜板或顶开重力盖而泄压,达到保护设备和管道的目的。为保证泄爆装置泄爆性能的合理性,下面对当前部分已安设的重力防爆板及爆破片安全装置进行设计核验,主要包括泄爆面积和泄爆口位置。

6.2.2 泄爆面积计算方法及泄爆口位置选择依据

6.2.2.1 泄爆面积的计算方法

参照《粉尘爆炸泄压指南》(GB/T 15605—2008),煤粉及其混合物爆炸时,泄爆面积计算公式如下:

对于 $p_{\text{red,max}} < 0.15$ MPa,则按下式计算:

$$A = B\left[1 + C \cdot \lg\left(\frac{L}{D_E}\right)\right] \tag{6.1}$$

对于 $p_{\text{red,max}} \geqslant 0.15$ MPa,则按下式计算:

$$A = B \tag{6.2}$$

$$B = [8.805 \times 10^{-4} \cdot p_{\max} \cdot K_{\max} \cdot p_{\text{red,max}}^{-0.569} + 0.854(p_{\text{stat}} - 0.01) \cdot p_{\text{red,max}}^{-0.5}]V^{0.753} \tag{6.3}$$

$$C = -4.305 \cdot \lg p_{\text{red,max}} - 3.574 \tag{6.4}$$

$$D_E = 2\sqrt{\frac{A^*}{\pi}} \tag{6.5}$$

面积与任意形状面积 A^* 相等的圆称为参考圆,D_E 为参考圆的直径。

上述公式的有效范围:容器体积为 $0.1\text{ m}^3 \leqslant V \leqslant 10\ 000\text{ m}^3$;泄压装置的静开启压力为 $0.01\text{ MPa} \leqslant p_{\text{stat}} \leqslant 0.1\text{ MPa}$;最大泄爆压力为 $0.01\text{ MPa} \leqslant p_{\text{red,max}} \leqslant 0.2\text{ MPa}$。

这里需注意:(1)容器容积不包括其中障碍物的体积,应减去滤袋、封套、滤筒等所占体积。(2)如果静开启压力数值小于规定的应用范围,那么采用相应范围的最小值,可按上述公式计算。

6.2.2.2 泄爆口位置的选择依据

(1)生产过程中,人员应避免接近泄爆口;

(2)生产过程中,泄爆口一般不应作为检修口或通道;

(3)泄爆口的位置应尽量靠近可能产生引爆源的地方;

(4)尽量采用顶部泄压,采用侧面泄压时,应设置两个对称的等面积的泄爆口,以抵消反冲力;

(5)泄爆口泄爆后,应避免对人员和设备造成伤害,且不引起其他危险物质的燃烧或爆炸;

(6)由于存在煤粉喷射危险,应注意容器中煤粉的堆放高度,容器的最高料位不应达到泄压口下边缘;

(7)设备的实际情况。

6.2.3 泄爆面积核算及泄爆口位置定位

在第 2 章中测得泄爆面积公式的最大煤粉爆炸压力 p_{max} 为 0.62 MPa，煤粉爆炸指数 K_{max} 为 14.70，最大泄爆压力实际中很难测定，根据最危险原则，最大泄爆压力取 0.2 MPa。

6.2.3.1 煤粉收集器

煤粉收集器主要功能是对磨煤机磨好的煤粉进行收集，同时将惰性气体分离，重新返回到热风炉，煤粉通过煤粉收集器下部旋转给料阀及螺旋输送机进入下层的纤维分离器，同时将惰性气体分离，重新返回到热风炉。运行时，入口压力为 -4.6 kPa，出口压力为 -7.4 kPa。若循环风机、氮气吹扫装置发生故障、滤袋阻塞设备内闪爆及静电自然引发内部爆炸，煤粉收集器内部可能出现超压。

如果超压达到了防爆板的开启压力，那么防爆板打开，煤粉会从防爆板的开口处泄漏。为防止收集器超压，在当前其上层安设 12 个 DN500 管径的重力防爆板，其中进出风管正面安设 2 个，侧面各安设 5 个。具体数据如下所示：

图 6.4 煤粉收集器防爆板

（1）煤粉收集器尺寸为 13 m×10.34 m×20.31 m，包裹体体积为 97 m³；

（2）重力防爆板设计启动压力为 0.005 MPa；

（3）煤粉爆炸指数 $K_{max}=14.70$；

（4）煤粉收集器操作压力约为大气压；

（5）煤粉收集器当前实际设置的泄爆面积为 2.355 m²。

$$A = B = 8.805 \times 10^{-4} \times p_{max} \times K_{max} \times p_{red,max}^{-0.569} \times V^{0.753} = 0.65 (m^2)$$

依据公式计算煤粉收集器的泄爆面积为 0.65 m²，实际设置的泄爆面积为 2.355 m²，实际设置的泄爆面积较大，泄爆面积满足要求。

煤粉收集器的泄爆口安装位置如图 6.4 所示，距地面高 3 m、垂直布置，其中 10 个分为 5 组对称布置在仓体侧面，2 个布置在正面，远离检修通道，基本满足要求。

6.2.3.2 原煤仓过滤器

原煤仓过滤器上设置了爆破片，在氮气保护系统充入氮气压力过大、排空不畅通的情况下，可能会使防爆板发生动作，引起煤尘的泄漏，伴随压力泄漏的煤粉在空气中形成煤尘云，容易引起燃烧或爆炸事故的发生。当前原煤仓过滤器上设置了 2 个 500 mm× 500 mm 方形重力防爆板。

具体数据如下所示：
(1) 原煤仓过滤器尺寸为 3.66 m×1.66 m×3.95 m，包裹体体积约为 10 m³；
(2) 重力防爆板设计启动压力为 0.005 MPa；
(3) 煤粉爆炸指数 K_{max} = 14.70；
(4) 原煤仓过滤器内部操作压力一般为微负压（接近大气压）；
(5) 原煤仓过滤器当前实际设置的泄爆面积为 0.50 m²。

$$A = B = 8.805 \times 10^{-4} \times p_{max} \times K_{max} \times p_{red, max}^{-0.569} \times V^{0.753} = 0.139 (m^2)$$

根据公式计算原煤仓过滤器的泄爆面积为 0.139 m²，实际设置的泄爆面积为 0.5 m²，实际设置的泄爆面积较大，泄爆面积满足要求，所以实际设置的泄爆面积是合理的。

6.2.3.3 煤粉制备粉煤仓

煤粉制备粉煤仓是用来将煤粉进行临时存储的容器，外形尺寸为 6 000 mm× 18 500 mm，全容积为 343.6 m³。上部连接纤维分离器及过滤器，下部连接发送罐，粉煤仓顶部安设了 3 个 DN800 防爆板，如图 6.5 所示，当出现误操作时，可能因为超压，防爆板打开，煤粉会通过防爆板的出口泄漏出来。且防爆板距离顶部距离约为 1.0 m，泄爆后直接冲击在顶板上，容易在局部区域形成粉尘云，且煤粉浓度可能会达到爆炸下限浓度，如遇火焰则可能发生煤粉爆炸事故。具体数据如下所示：

图 6.5　煤粉制备粉煤仓防爆板

(1) 粉煤仓为圆柱体，其高度为 18.5 m，直径为 6.0 m，包裹体容积约为 100 m³；
(2) 重力防爆板设计启动压力为 0.005 MPa；
(3) 煤粉爆炸指数 K_{max} = 14.70；
(4) 备煤粉煤仓内部操作压力一般为微负压（接近大气压）；
(5) 粉煤仓当前实际设置的泄爆面积为 1.51 m²。

$$A = B = 8.805 \times 10^{-4} \times p_{max} \times K_{max} \times p_{red, max}^{-0.569} \times V^{0.753} = 0.635 (m^2)$$

根据公式计算粉煤仓的泄爆面积为 0.635 m²，实际设置的泄爆面积为 1.51 m²，实际设置的泄爆面积较大，泄爆面积满足要求，所以实际设置的泄爆面积是合理的。粉煤仓的泄爆口当前布置位置如图 6.5 所示，3 个直径为 DN800 的防爆板水平布置于仓顶。仓顶布置,避开了巡检通道,保障人员安全,位置布置合理。

6.2.3.4 煤粉制备粉煤仓过滤器

煤粉制备粉煤仓过滤器的功能是在粉煤仓内压力过大时,排出多余的气体,并对煤粉进行收集。过滤器上安设了1个口径为500 mm×500 mm的爆破片,在粉煤仓及过滤器压力过大时或排空管出现阻塞时,会使防爆片因压力大于泄爆压力发生动作从而泄压,如图6.6所示。具体数据如下所示:

图6.6 煤粉制备粉煤仓过滤器爆破片

(1)粉煤仓过滤器为圆柱体,其高度为3.4 m,直径为1.95 m,包裹体容积约为5 m³;

(2)爆破片设计启动压力为0.005 MPa;

(3)煤粉爆炸指数$K_{max}=14.70$;

(4)粉煤仓过滤器内部操作压力为正压(接近大气压);

(5)粉煤仓过滤器当前实际设置的泄爆面积为0.25 m²。

$$A = B = 8.805 \times 10^{-4} \times p_{max} \times K_{max} \times p_{red,max}^{-0.569} \times V^{0.753} = 0.133 (m^2)$$

根据公式计算煤粉制备粉煤仓过滤器的泄爆面积为0.133 m²,实际设置的泄爆面积为0.25 m²,实际设置的泄爆面积较大,泄爆面积满足要求,所以实际设置的泄爆面积是合理的。

6.2.3.5 加压输送粉煤仓过滤器

粉煤仓上部安设了过滤器,用以在煤粉发送过来时及泄压时对扬起的煤粉进行收集,并对多余的气体进行排空。粉煤仓过滤器上安设了2块500 mm×500 mm的爆破片(图6.7),在粉煤仓过滤器压力过大时或排空管出现阻塞时,会使爆破片因压力大于泄爆压力发生动作从而泄压,在此过程中会有大量煤粉泄漏出来,在一定条件下,容易发生燃烧和爆炸事故。具体数据如下所示:

图6.7 加压输送粉煤仓过滤器爆破片

(1)加压输送粉煤仓过滤器尺寸为4.07 m×3.18 m×4.17 m,体积约为20 m³;

(2)爆破片设计启动压力为0.005 MPa;

(3)煤粉爆炸指数$K_{max}=14.70$;

(4) 加压输送粉煤仓过滤器内部操作压力一般为微正压(接近大气压);

(5) 粉煤仓过滤器当前实际设置的泄爆面积为 0.50 m²。

$$A = B = 8.805 \times 10^{-4} \times p_{\max} \times K_{\max} \times p_{\mathrm{red,\,max}}^{-0.569} \times V^{0.753} = 0.188 (\mathrm{m}^2)$$

根据公式计算加压输送粉煤仓过滤器的泄爆面积为 0.188 m²,实际设置的泄爆面积为 0.5 m²,实际设置的泄爆面积较大,泄爆面积满足要求,所以实际设置的泄爆面积是合理的。

加压输送粉煤仓过滤器的泄爆口当前布置位置如图 6.7 所示,2 个口径为 500 mm×500 mm 爆破片朝向建筑物外侧布置,避开了巡检通道,保障人员安全,位置布置合理。

根据以上分析各装置重力防爆板及爆破片安全装置的泄爆面积满足泄爆要求。

6.3 煤粉爆炸主动抑爆技术

煤粉制备工艺及煤粉加压输送工艺发生煤粉爆炸事故的首要原因是煤粉泄漏,煤粉泄漏后达到爆炸下限浓度且与空气结合,发生氧化自燃或与外界点火源接触最终导致爆炸事故。根据泄漏的方式、泄漏环境的差异需搭配对应的抑爆防护,抑爆防护需根据不同的抑爆防治技术做出对应设计,下文将详细介绍两种抑爆防治技术。

6.3.1 抑爆防治技术

抑爆系统可以防止区域内或密闭空间里出现不容许的高压。这种系统可以用来保护设备,使其免遭破坏,并使设备附近的人员免遭伤害。重庆院在瓦斯煤粉爆炸防治方面,是我国气体煤粉爆炸基础理论研究、防隔爆技术及产品研发的重要基地。重庆院自"六五"攻关以来,研究成功了 ZGB-Y 型自动隔爆装置,"八五"期间研制出了 ZYB-S 型实时产气式抑爆系统,"九五"期间研制出了实时产气式 ZHY12 型自动抑爆装置,在瓦斯煤尘抑爆技术领域一直处于国内领先地位。

当前煤尘抑爆技术成熟应用的主要有自动喷气抑爆和自动喷粉抑爆。两者的共同特点是装置实现全自动、快速将爆炸抑制在初始阶段,不同点在于前者抑爆介质为惰性气体,后者抑爆介质为干粉。

6.3.1.1 自动喷气抑爆

自动喷气抑爆装置指的是自动喷二氧化碳的抑爆装置。该装置主要安装于不容许对介质造成污染的密闭设备或容器上,当发生爆炸事故时,由传感器及时探测信号,输出触发电平,由控制器触发抑爆器迅速喷射出二氧化碳灭火剂,扑灭爆炸火焰,将爆炸抑制在始发阶段。该传感器分为两种:敏感火焰信号型及敏感压力信号型。自动喷气抑爆装置具有整机响应时间短、动作灵敏、性能可靠、抑爆器喷射抑爆气体迅速等特点。自动喷气抑爆装置的抑爆介质为惰性气体二氧化碳,动作后抑爆介质迅速扩散,完成抑爆作业后无须清理,适用于排空管及结构复杂的设备包裹体中。

(1) 自动喷气抑爆装置的工作原理

自动喷气抑爆装置的工作原理框图如图 6.8 所示。抑爆装置通过传感器接收燃烧爆炸火焰信号或压力信号,输入控制器,控制器触发抑爆器,抑爆器将抑爆气体喷射到火焰阵面上,扑灭火焰,阻止爆炸传播。

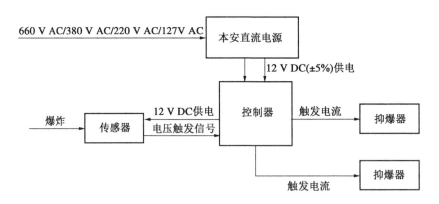

图 6.8 自动喷气抑爆装置的工作原理框图

(2) 自动喷气抑爆装置的配置容量

自动喷气抑爆装置主要由 1 个本安型火焰传感器或 1 个本安型压力传感器、1 台本安型抑爆装置控制器、1 台本安直流电源、2 个二氧化碳抑爆器、1 个本安电路用接线盒及通信屏蔽电缆构成。其中火焰传感器和压力传感器可配合联动使用,适用于特殊环境中。

① 本安型火焰传感器

(a) 额定工作电压:$7 \sim 15$ V DC。

(b) 工作电流:$\leqslant 50$ mA DC。

(c) 传感器响应时间:$\leqslant 5$ ms。

(d) 传感器触发条件:1 烛光火焰(5 m 处)触发。

(e) 除尘:脉冲阀控制氮气定时喷吹,保证触发条件不受影响。

(f) 抗震:减震器保证传感器整体的稳定性。

② 本安型压力传感器

(a) 额定工作电压:$7 \sim 15$ V DC。

(b) 工作电流:$\leqslant 50$ mA DC。

(c) 传感器响应时间:$\leqslant 5$ ms。

(d) 冲击波探测器:阈值压力为 -0.5 kPa,不触发;0.5 kPa,触发;阈值压力为 40 kPa。

(e) 除尘:脉冲阀控制氮气定时喷吹,保证触发条件不受影响。

(f) 抗震：减震器保证传感器整体的稳定性。

③ 本安型抑爆装置控制器

(a) 额定工作电压：12 V DC(±5%)。

(b) 工作电流：正常状态下≤180 mA，触发时≤1.2 A。

(c) 显示功能：有电源指示、抑爆器通断检测、传感器输出信号检测、控制器触发显示功能。

(d) 控制功能：2 路信号输入，2 路信号输出，信号输入≤0.5 V DC，信号输出为 0 V DC；信号输入>4.0 V DC，信号输出≥5.0 V DC。

(e) 响应时间：≤15 ms。

④ 二氧化碳抑爆器

(a) 快开阀触发器电阻：(8±1)Ω。

(b) 快开阀触发器电流：≥0.6 A；触发电压：≥4 V。

(c) 抑爆介质质量：液态 CO_2(12±0.5)kg。

(d) 罐体内压力：7~9 MPa。

(e) 喷洒滞后时间：≤10 ms。

(f) 喷洒持续时间：≥1 200 ms。

(g) 喷洒效率：≥99%。

(h) 漏气保护功能：罐体内压力低于 3 MPa 时，触发电路自动切断。

⑤ 本安直流电源

(a) 交流额定输入电压(可选)：127 V AC、220 V AC、380 V AC、660 V AC，50 Hz，允许偏差±5%。

(b) 本安输出路数：3 路。

(c) 最小输出电压：10 V DC。

(d) 额定工作电流：0.8 A DC。

(e) 备用电源工作时间及转换时间：工作时间≥2 h；转换时间≤1 s。

(f) 外壳防护性能应符合《外壳防护等级(IP 代码)》(GB/T 4208—2017)中防护等级 IP65 的规定。

6.3.1.2 自动喷粉抑爆

自动喷粉抑爆装置的抑爆介质是干粉，干粉灭火剂是用于灭火的干燥且易于流动的微细粉末，由具有灭火效能的无机盐和少量的添加剂经干燥、粉碎、混合而成的微细固体粉末组成。干粉灭火剂主要通过在加压气体作用下喷出的粉雾与火焰接触、混合时发生的物理、化学作用灭火：一是靠干粉中的无机盐的挥发性分解物，与燃烧过程中燃料所产生的自由基或活性基团发生化学抑制和副催化作用，使燃烧的链式反应中断而灭火；二是靠干粉的粉末落在可燃物表面外，发生化学反应，并在高温作用下形成一层玻璃状覆盖层,从而隔绝氧,进而窒息灭火。

自动喷粉抑爆装置安装于有气体和煤粉爆炸危险的场所,当发生爆炸事故时,由传感器及时探测信号,输出触发电平,由控制器触发抑爆器迅速喷射出灭火剂,扑灭爆炸火焰,将爆炸抑制在始发阶段。自动喷粉抑爆装置具有整机响应时间短、动作灵敏、性能可靠、抑爆器喷射灭火剂迅速等特点。

(1) 自动喷粉抑爆装置的工作原理

自动喷粉抑爆装置的工作原理框图如图 6.9 所示。自动喷粉抑爆装置通过传感器接收爆炸信号,输入控制器,控制器触发抑爆器,抑爆器将灭火剂喷射到爆炸火焰阵面上,扑灭火焰,阻止爆炸传播。

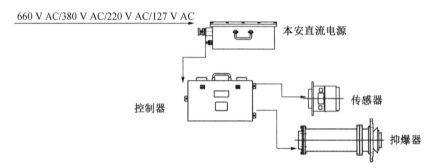

图 6.9 自动喷粉抑爆装置的工作原理框图

自动喷粉抑爆装置的抑爆器是一个本身没有电路的钢质外壳,壳内带有气体发生器,主要由喷嘴、抑爆器贮粉筒、缓冲器、灭火剂、气体发生器组成。当有爆炸事故发生时,传感器接收爆炸火焰信号,输入控制器,控制器触发抑爆器,抑爆器中的气体发生器迅速产生高压气体,通过抑爆器喷嘴将抑爆粉剂喷撒出来,扑灭爆炸火焰。

(2) 自动喷粉抑爆装置的配置容量

自动喷粉抑爆装置主要由 1 个本安型火焰传感器、1 台本安型抑爆装置控制器、1 台本安直流电源、2 个干粉抑爆器、1 个本安电路用接线盒及通信屏蔽电缆构成。

① 本安型火焰传感器

(a) 额定工作电压:7~15 V DC。

(b) 工作电流:≤50 mA DC。

(c) 传感器响应时间:≤5 ms。

(d) 传感器触发条件:1 烛光火焰(5 m 处)触发。

(e) 除尘:脉冲阀控制氮气定时喷吹,保证触发条件不受影响。

(f) 抗震:减震器保证传感器整体的稳定性。

② 本安型抑爆装置控制器

(a) 额定工作电压:12 V DC(±5%)。

(b) 工作电流:正常状态下≤180 mA,触发时≤1.2 A。

(c) 显示功能：有电源指示、抑爆器通断检测、传感器输出信号检测、控制器触发显示功能。

(d) 控制功能：2路信号输入，2路信号输出，信号输入≤0.5 V DC，信号输出为0 V DC；信号输入＞4.0 V DC，信号输出≥5.0 V DC。

(e) 响应时间：≤15 ms。

③ 干粉抑爆器

(a) 气体发生器电阻：±10 Ω。

(b) 触发电流：≥0.5 A；触发电压：≥5.0 V。

(c) 喷撒滞后时间：≤15 ms。

(d) 喷撒完成时间：≤150 ms。

(e) 喷撒效率：≥80%。

④ 本安直流电源

(a) 交流额定输入电压（可选）：127 V AC、220 V AC、380 V AC、660 V AC，50 Hz，允许偏差±5%。

(b) 本安输出路数：3路。

(c) 最小输出电压：10 V DC。

(d) 额定工作电流：0.8 A DC。

(e) 备用电源工作时间及转换时间：工作时间≥2 h；转换时间≤1 s。

(f) 外壳防护性能应符合《外壳防护等级（IP代码）》(GB/T 4208—2017)中防护等级IP65的规定。

煤粉制备工艺及煤粉加压输送工艺可能发生大面积泄漏的部位主要有人孔、软连接、排空管。根据煤粉爆炸特性及抑爆技术适应性，并根据备煤系统及气化系统煤粉加压输送工艺的实际状况，将需要进行抑爆设计的部位分为以下三种类别：煤粉收集器下锥作业空间、排空管、煤粉收集器及过滤器。

6.3.2 主动抑爆设计

6.3.2.1 煤粉收集器下锥作业空间

(1) 基本情况

密闭空间主要是指备煤系统六层煤粉收集器底锥及旋转给料阀、螺旋输送机楼层，该层煤粉泄漏点为软连接和人孔，相对于其他的泄漏区域，六层为密闭空间，建筑物框体结构为实现该层保温设置了墙体和玻璃窗，如图6.10所示。煤粉在密闭空间

图 6.10　煤粉收集器下锥作业空间

内大量泄漏会迅速达到煤粉爆炸下限浓度,满足爆炸条件,遇点火源(操作失误、摩擦、静电等)发生爆炸事故,密闭空间内的煤粉爆炸具有极强的破坏性。煤粉爆炸能产生CO等有毒有害气体,往往造成爆炸过后的大量人员中毒伤亡,必须充分重视。煤粉收集器下锥作业空间含六套煤粉收集器,空间尺寸为 75 m×13 m×7 m,总体积为 6 825 m³。煤粉收集器的底锥设有尺寸为 DN600 的人孔 6 组共 24 个,人孔中心距平台的高度为 0.75 m,距地面的高度为 3 m,人孔在底锥侧面,当前该泄漏点无任何泄漏后的处理措施。

旋转给料阀下侧有 1 个软连接,距地面的高度为 1 m,直径 DN500、高度为 200 mm,共 24 个。距软连接水平间距 1.5 m 处设有从地面延伸出的喷头 1 个,高度为 1.5 m,共 24 个,如图 6.11 所示。

图 6.11 旋转给料阀软连接及喷头

备煤系统磨制的煤粉粒径较小在 500 μm 以下,流动性较好容易扩散。人孔和软连接均匀分布在整个大的密闭空间内。人孔处因料位误判在停机时错误地开启后会造成料位传感器至人孔间的煤粉大量快速泄漏。软连接因机械损伤、疲劳作业断裂后煤粉泄漏量更大、泄漏速度更快。煤粉爆炸下限浓度为 30 g/m³,在整个密闭空间内当泄漏量达到 204.75 kg(30 g/m³×6 825 m³=204.75 kg)时即可满足爆炸初始条件。不论是人孔还是软连接一旦发生泄漏,在短时间内即可达到煤粉爆炸下限浓度。

而当前配备的喷头无法满足要求。首先,人孔泄漏位置处没有任何抑爆措施;其次,当前软连接处设置的喷淋设施为手动操作,必须发现泄漏后人为去打开开关才能喷淋,从上面的分析知时间不能满足要求;最后,一个泄漏点只在单侧设计喷头,喷头覆盖的区域不能满足要求。该空间的玻璃窗可作为爆炸的泄爆口,可部分减弱爆炸危害,但由第 3 章内容知该区域爆炸威力极强,伤害半径远远大于当前空间设计标准,为进一步减小爆炸伤害,需要对该区域做抑爆设计。

(2)抑爆设计

设计的整体原则为:快速响应、自动化、粉尘浓度及爆炸火焰双监测、抑爆区域全面覆盖。具体是选用由重庆院自主研发并广泛应用的自动喷淋装置和自动喷粉抑爆装置相结合的方法,泄漏发生并达到粉尘浓度传感器的阈值后,自动喷淋装置首先动作进行喷淋降尘,将煤尘浓度控制在爆炸下限浓度之下。若泄漏量过大,喷淋无法实现有效降尘,粉尘浓度上升至爆炸下限浓度,遇点火源发生爆炸,火焰传感器接收信号后,抑爆装置做出动作,将爆炸控制在可控范围内。首先,自动喷淋装置的响应时间为150 ms,自动喷粉抑爆装置的响应时间为35 ms,响应时间上满足要求;其次,两种装置皆为全自动化操作,传感器把接收到的外界物理信号转化为电信号,将电信号转发给控制器,控制器处理电信号后转发给触发装置,触发装置做出相应动作,达到抑爆目的,整个过程由电信号控制,可实现全自动化;最后,自动喷淋装置选用粉尘浓度传感器监测,自动喷粉抑爆装置选用火焰传感器监测,两者要覆盖整个泄漏区域,煤粉泄漏后迅速扩散到空气中并达到爆炸下限浓度,快速、全方位的喷淋降尘使空气中的煤粉浓度降到爆炸下限浓度以下防止爆炸发生(喷淋降尘在第5章中有详细介绍),爆炸发生后自动喷粉抑爆装置可作为最后一道防线。

抑爆设计如下:为达到全面覆盖、重点防御的抑爆灭火标准,设计安装方式为厂房顶部固定式安装。图6.12所示为煤粉收集器作业空间俯视图,每套煤粉收集器有4个底锥,均匀分布在空间内,底锥间为十字交叉的两道横梁。抑爆装置悬挂在梁体上最为适宜。具体用固定支架把火焰传感器和抑爆灭火器连接在一起,之后悬吊在厂房顶部,电源和控制器置于地面支架上,放在宜观察且不影响生产处。其优点是全面覆盖,置于顶部无障碍、无干扰。每个厂房仓库的安装数量根据空间大小确定。

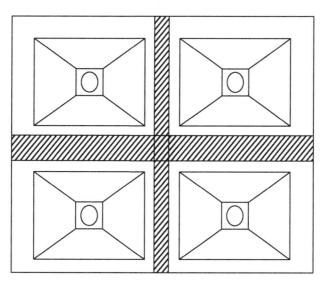

图6.12 煤粉收集器作业空间俯视图

每套煤粉收集器所占空间为143 m²,减去煤粉收集器底锥、旋转给料阀及螺旋给料器等设备的所占面积后,实际约为120 m²。根据巷道抑爆装置研发试验规律,每个干粉抑爆器可覆盖的抑爆面积为8 m²,所需干粉抑爆器的数量为15个。为增大安全系数且均匀布置,最终确定每套煤粉收集器配备16个干粉抑爆器,即8套抑爆装置(每套抑爆装置含2

个干粉抑爆器)。

由于安装位置确定在两道横梁上,为均匀布置,每道横梁上安装4套,1套一组装配于一个箱体内,包含抑爆器和火焰传感器。箱体为配套成品,尺寸为1.5 m×1.0 m×1.5 m。煤粉收集器下锥作业空间抑爆装置安装示意图如图6.13所示。外侧抑爆器箱体距墙体边缘的距离为2 m,同侧两箱体中心间距为2 m,横向梁中间两箱体间距为5 m,竖向梁中间两箱体间距为3 m,电源和控制器布置于地面不影响作业处(图6.14)。该种安装方式重叠区域最小,抑爆粉剂喷撒最均匀,抑爆效果最佳。

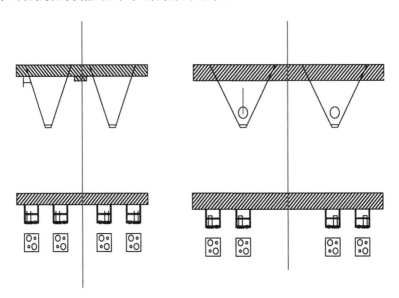

图6.13 煤粉收集器下锥作业空间抑爆装置安装示意图

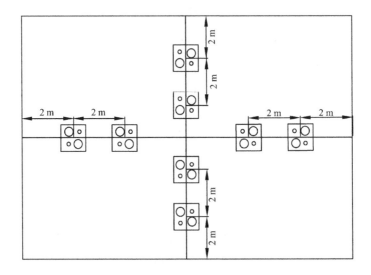

图6.14 煤粉收集器下锥作业空间抑爆装置安装俯视图

煤粉收集器下锥作业空间含六套煤粉收集器,依照上述设计需安装抑爆装置 48 套,用以保障该区域的安全运行。

6.3.2.2 排空管

(1) 循环风机排空管

煤粉伴随热惰性气体进入煤粉收集器内,通过布袋收尘后粉和气分离,热惰气经循环风机进入下一环节,部分热惰气由排空管排空。煤粉收集器布袋在长期作业过程中,容易脱落或破损,泄漏的煤粉会随着惰性气体进入热惰性气体循环系统,随惰性气体进入排空管。由于排空管与空气接触,若煤粉浓度达到爆炸下限浓度,则遇雷击、摩擦静电等点火源,有发生煤粉爆炸的可能。排空管路直径为 DN900,排放量为 54 970 Nm^3/h,如图 6.15 所示。

图 6.15 循环风机排空管

图 6.16 煤粉制备粉煤仓过滤器排空管

(2) 煤粉制备粉煤仓过滤器排空管

煤粉制备粉煤仓在运行过程中存在煤尘上扬现象,煤粉伴随气体进入过滤器内,通过布袋收尘后粉和气分离,气体由排空管排空。过滤器布袋在长期作业过程中,容易脱落或破损,若过滤器收尘布袋发生泄漏,则会有大量煤粉进入直径为 DN250 的排空管,排放量为 721 Nm^3/h,如图 6.16 所示。由于排空管出口与空气接触,若煤粉泄漏量过大,达到了爆炸下限浓度,则在遇到雷击或摩擦静电等点火源的情况下,有发生煤粉爆炸的可能。

(3) 加压输送粉煤仓过滤器排空管

加压输送粉煤仓在运行过程中存在煤尘上扬现象,煤粉伴随气体进入过滤器内,通过布袋收尘后粉和气分离,气体由排空管排空。过滤器布袋在长期作业过程中,容易脱落或破损,若过滤器收尘布袋发生泄漏,则会有大量煤粉进入直径为 DN700 的排空管,排放量为 7 967 Nm³/h,如图 6.17 最右侧较粗管线所示。由于排空管出口与大气接触,若煤粉泄漏量过大,达到了爆炸下限浓度,在遇到雷击或摩擦静电等点火源的情况下,有发生煤粉爆炸的可能。

(4) 给料罐过滤器排空管

给料罐为煤粉加压输送的最后一道设备,煤粉通过该设备加压至 5.4 MPa,由送煤管线输送至气化炉。装置内由热惰性氮气进行保护,防止氧气浓度超标,同时维持温度和压力在要求范围内。加压输送完成后给料罐要进行泄压操作,设备运行中会产生煤粉扬尘,扬尘伴随废气进入给料罐过滤器,煤尘由过滤器的滤网隔离,废气由过滤器排空管排空,排空管直径为 DN300,

图 6.17 加压输送粉煤仓过滤器排空管及给料罐过滤器排空管

如图 6.17 最右侧长管路所示。若过滤器滤网发生泄漏,则会有大量煤粉进入排空管。由于排空管出口与空气接触,若煤粉泄漏量过大,达到了爆炸下限浓度,则在遇到雷击或摩擦静电等点火源的情况下,有发生煤粉爆炸的可能。

依据《监控式抑爆装置技术要求》(GB/T 18154—2000)中的抑爆剂用量:管道用抑爆装置,选用 BC 粉做抑爆剂时,其用量按断面面积计算,不大于 10 kg/m²,其他抑爆剂用量参照 BC 粉确定。

循环风机、煤粉制备粉煤仓过滤器、加压输送粉煤仓过滤器、给料罐过滤器排空管横截面积分别为 0.64 m³、0.05 m³、0.38 m³、0.1 m³。12 kg 装的二氧化碳抑爆装置即可满足以上 4 种直径的排空管。

为便于清理,排空管抑爆设计选取二氧化碳抑爆装置。该装置主要包括火焰传感器、电源、控制器和抑爆器。依据《煤矿低浓度瓦斯管道输送安全保障系统设计规范》(EB 40881—2022)规定及现场实际情况,电源和控制器置于地面支架上,放在宜观察且不影响生产处;为避免雷电引发的误动作,火焰传感器一般安装在距管口 3 m 处;抑爆器安装在距火焰传感器 5~9 m 处(具体位置根据现场条件确定),如图 6.18 所示。为保护二氧化碳抑爆器中的快开阀,抑爆器罐体需垂直水平面布置。如图 6.18 所示制作专用支架将抑爆器布置在排空管上。

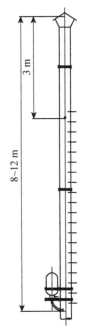

图 6.18 二氧化碳抑爆装置安装示意图

循环风机排空管及煤粉制备粉煤仓过滤器排空管上的抑爆器布置在备煤系统的 7 层水平面位置,抑爆器距火焰传感器约 8 m。

加压输送粉煤仓过滤器及给料罐过滤器排空管上的抑爆器布置在煤粉加压输送工艺

13层水平位置,抑爆器距火焰传感器约5 m。

6.3.2.3 煤粉收集器及过滤器

煤粉收集器及过滤器的工作原理相同,基本结构为管路进出口、粉尘收集滤袋龙骨、挡板、灰斗、脉冲阀、氮气炮等。基本流程是通过管路或断面连接粉尘源,粉尘伴随气体进入中箱体中,滤袋把煤粉隔离在外侧,气体透过滤袋经收集器出口排除,当煤粉堆积到一定厚度时,脉冲阀开启把煤粉震落至灰斗中,以此实现气体和煤粉分离。整个作业环境中煤粉浓度较高,为保护设备安全运行,设备内持续由热惰性气体进行保护。维持氧含量在8%以下,一般不会发生煤粉爆炸事故。然而在停机检修过程中,特别是检修孔打开后,新鲜空气进入设备内,氧气浓度急剧上升,残留在设备边角及滤袋挂壁的煤尘同时处于高温余热环境中,迅速氧化容易发生自燃,若此时设备内煤尘浓度达到爆炸极限浓度,极易引发煤粉爆炸事故。现依据《煤粉生产防爆安全技术规范》(MT/T 714—1997)及《监控式抑爆装置技术要求》(GB/T 18154—2000)对煤粉收集器及过滤器进行抑爆设计。

(1) 煤粉收集器

在煤粉收集器内部煤粉主要集中在中箱体的滤袋及灰斗内壁上,此位置的煤粉尘在检修时不易清理干净,有部分残留于挂壁。当防爆板打开或检修口打开时,伴随氧气浓度增加同时煤粉自身处于高温环境下,易造成煤粉自燃进而引发煤粉爆炸事故。煤粉收集器上游连接磨煤机,下游连接纤维分离器,处于备煤系统的核心位置。该处若发生爆炸事故,煤粉收集器被损坏、附近作业人员受到伤害,且爆炸极有可能向上游及下游传播,造成整个备煤系统受损。该处除采取泄爆防治外,还需增设抑爆装置。煤粉收集器内装备复杂,气体粉尘混合,为减少清理作业选取二氧化碳抑爆装置。

实际设计依据《粉尘爆炸危险场所用收尘器防爆导则》(GB/T 17919—2008)的规定需在煤粉收集器的进出口处配备抑爆装置,其目的主要是防止设备内部爆炸通过进出口向其他设备传播。进出口管道尺寸为$2.1 \text{ m} \times 2.7 \text{ m}$,横截面积为$5.67 \text{ m}^2$。依据《监控式抑爆装置技术要求》(GB/T 18154—2000),需在进出口各配备两套24 kg装的二氧化碳抑爆装置,抑爆器垂直布置在进出口管道的上方,靠近煤粉收集器近段距出口处2 m距离,两套抑爆装置安装距离为1 m,压力传感器安装在出口处,两套抑爆装置的传感器对立布置。如图6.19和图6.20所示,共4套抑爆装置。

(2) 过滤器

在各过滤器内部煤尘主要集中在中箱体的滤袋中,此位置的煤尘在检修时不易清理干净,有部分残留于挂壁。当防爆板打开或检修口打开时,氧气浓度增加易造成煤尘自燃引发爆炸事故。为保护设备同时避免爆炸事故通过进出口管道进一步扩大,根据《煤粉生产防爆安全技术规范》(MT/T 714—1997)要求,需在进出口管道处做抑爆处理。过滤器内装备复杂,气体粉尘混合,为减少清理作业选取二氧化碳抑爆装置。

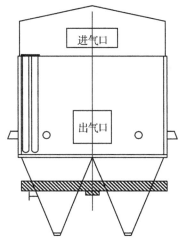
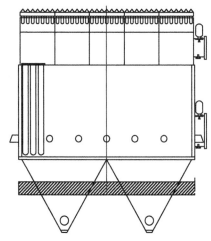

图 6.19 煤粉收集器安装示意图　　图 6.20 煤粉收集器抑爆装置安装侧视图

① 原煤仓过滤器

实际设计依据规范《煤粉生产防爆安全技术规范》(MT/T 714—1997)在原煤仓过滤器的出口处配备抑爆装置。出口管道尺寸为 DN500，截面面积为 0.196 m^2，需配备一套 12 kg 装的二氧化碳抑爆装置，抑爆器垂直布置在出口管道的上方，靠近原煤仓过滤器近段距出口处 2 m 距离，压力传感器安装在出口处。如图 6.21 和图 6.22 所示，共 1 套抑爆装置。

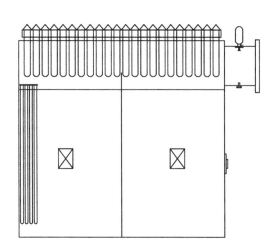
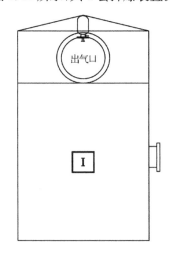

图 6.21 原煤仓过滤器抑爆装置安装正视图　　图 6.22 原煤仓过滤器抑爆装置安装侧视图

② 煤粉制备粉煤仓过滤器

实际设计依据《煤粉生产防爆安全技术规范》(MT/T 714—1997)中的规定需在煤粉收集器的出口处配备抑爆装置，其目的主要是防止设备内部爆炸通过出口向其他设备传播。出口管道尺寸为 DN250，截面面积为 0.05 m^2，需配备一套 12 kg 装的二氧化碳抑爆装置，抑爆器垂直布置在出口管道的上方，靠近煤粉制备粉煤仓过滤器近段距出口处 2 m 距离，压力传感器安装出口处。如图 6.23 和图 6.24 所示，共 1 套抑爆装置。

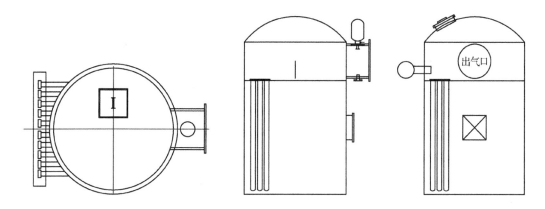

图 6.23 煤粉制备粉煤仓过滤器安装俯视图　　图 6.24 煤粉制备粉煤仓过滤器抑爆装置安装示意图

③ 加压输送粉煤仓过滤器

实际设计依据《煤粉生产防爆安全技术规范》(MT/T 714—1997)中的规定需在煤粉收集器的出口处配备抑爆装置,其目的主要是防止设备内部爆炸通过进出口向其他设备传播。出口管道尺寸为 DN700,截面面积为 0.38 m²,需配备一套 12 kg 装的二氧化碳抑爆装置,抑爆器垂直布置在出口管道的上方,靠近加压输送粉煤仓过滤器近段距出口处 2 m 距离,压力传感器安装在出口处。如图 6.25 所示,共 1 套抑爆装置。

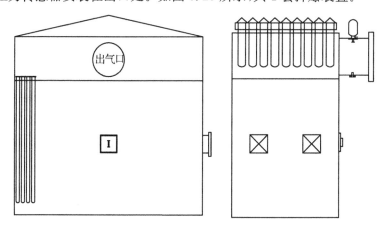

图 6.25 加压输送粉煤仓过滤器抑爆装置安装示意图

由以上知各区域抑爆设计差异性较大,现将抑爆设计总结对比,具体如表 6.2 所示。

表 6.2 抑爆设计汇总表

区域类别	所属设备	抑爆装置类别	数量	安装位置
作业空间	煤粉收集器下锥	自动喷粉抑爆	8 套	横梁上
排空管	循环风机	自动喷气抑爆	1 套	排空管上
	煤粉制备粉煤仓过滤器	自动喷气抑爆	1 套	排空管上

(续表)

区域类别	所属设备	抑爆装置类别	数量	安装位置
排空管	加压输送粉煤仓过滤器	自动喷气抑爆	1套	排空管上
	给料罐过滤器	自动喷气抑爆	1套	排空管上
煤粉收集器和过滤器	煤粉收集器	自动喷气抑爆	4套	进出口处
	原煤仓过滤器	自动喷气抑爆	1套	出口处
	煤粉制备粉煤仓过滤器	自动喷气抑爆	1套	出口处
	加压输送粉煤仓过滤器	自动喷气抑爆	1套	出口处

6.4 易磨损输送管路及设备外壳爆炸防治

煤粉制备工艺及煤粉加压输送工艺的易磨损输送管路及设备外壳,主要指称重给煤机至磨煤机的落煤管线、磨煤机本体及本体至煤粉收集器的煤粉输送管线、发送罐至加压输送粉煤仓的输送管线及整个气化加压输送管线。

6.4.1 爆炸防治区域

称重给煤机通过落煤管将原煤输送到磨煤机。由于原煤呈块状、有棱角,落煤管生产运营中输送量超大,日积月累管壁变薄直至部分区域磨穿,煤渣、煤尘通过小孔泄漏。煤渣、煤尘飘浮在空气中或落至地面及设备表面,与氧气接触后易自燃或接触点火源引发煤粉燃烧及爆炸,进而造成人员伤亡和机械损伤。

磨煤机内温度在 280～320 ℃ 之间,在磨煤机研磨及旋转分离器输送过程中,研磨过后的煤粉在设备内高速旋转,容易将设备本体磨穿,产生煤粉泄漏,带有一定温度的煤粉泄漏后与空气接触,极易引起自燃,甚至发生爆炸事故。

另外,磨煤机的进风管,在进入磨煤机之前有一很大的平台,如图 6.26 所示。外部包有保温层,保温层外部温度在 80 ℃ 左右,上部容易积聚泄漏的煤粉,若不及时清理,则煤粉在一定温度下容易自燃甚至发生爆炸事故,进而造成人员伤亡和机械损伤。

磨煤机本体至煤粉收集器的煤粉输送管线、发送罐至加压输送粉煤仓的输送管线及整个气化加压输送管线由高压输送煤粉,特别是煤粉加压输送工艺输送压力在 5 MPa 左右,易造成管路接口处磨穿。煤粉在输送过程中本身处于高温状态,一旦泄漏与氧气结合,易引起自燃或接触点火源引发煤粉燃烧及爆炸,进而造成人员伤亡和机械损伤。

6.4.2 爆炸防治方法

以上区域分布范围广、空间大、初期泄漏量小,假若使用检测设备,费用高且见效甚

图 6.26　磨煤机进风管上部平台

微。所以防治工作的重点为巡检排查,及时发现及时清扫。具体做到:(1)全面巡检泄漏区域,从源头上采取防爆控爆措施,防范煤粉爆炸事故的发生。(2)制定完善的煤粉清扫制度,明确清扫时间、地点、方式以及清扫人员的职责等内容,为避免二次扬尘,清扫过程中不能使用压缩空气等进行吹扫,可采取负压吸尘、洒水降尘等方式进行清扫。

参考文献

[1] 董燕,李齐,秦可珍.煤直接液化中煤粉火灾危险性研究[J].工业安全与环保,2013,39(8):77-79.

[2] 张炜.煤化工装置火灾爆炸点分布及控制措施[J].安全、健康和环境,2016,16(3):25-28.

[3] 周丽,任相坤,张希良.我国煤制油产业政策综述[J].化工进展,2012,31(10):2207-2212.

[4] 陈剑锋.浅谈磨煤机火灾事故的预防[J].电站系统工程,2004,20(2):31-32,34.

[5] 张必辉.开式煤粉制备系统运行安全分析与隐患防治[J].洁净煤技术,2012,18(6):80-83.

[6] ZHANG J F, LIU X, LI Q, et al. Hazard analysis and protective countermeasures of dust explosion in dedusting system [C]//International Conference on Environmental Science and Sustainable Development, 2016.

[7] 应志刚,蔡文行.粉尘爆炸的特点与防控[J].消防科学与技术,2013,32(3):247-251.

[8] 李鑫磊.粉尘爆炸风险评估方法及应用研究[D].北京:首都经济贸易大学,2019.

[9] VAN DER VOORT M M, KLEIN A J J, DE MAAIJER M, et al. A quantitative risk assessment tool for the external safety of industrial plants with a dust explosion hazard[J]. Journal of loss prevention in the process industries, 2007, 20(4/6), 375-386.

[10] YUAN Z, KHAKZAD N, KHAN F, et al. Risk-based design of safety measures to prevent and mitigate dust explosion hazards[J]. Industrial & engineering chemistry research, 2013, 52(50): 18095-18108.

[11] 钟英鹏.镁粉爆炸特性实验研究及其危险性评价[D].沈阳:东北大学,2008.

[12] 贾玉涛.面粉企业粮食粉尘爆炸及防治[D].沈阳:东北大学,2011.

[13] 何勇.CMC粉尘火灾爆炸风险分析及预防措施研究[D].广州:华南理工大学,2018.

[14] 乐有邦,张发涛,胡维西,等.中美两国粉尘爆炸风险评估对比研究与分析[J].工业

安全与环保,2020,46(11):60-62,96.

[15] 何勇.CMC 粉尘火灾爆炸风险分析及预防措施研究[D].广州:华南理工大学,2018.

[16] 王菲.蔗糖粉尘的抑爆试验及机理研究[D].南宁:广西大学,2019.

[17] 陈曦.典型粮食粉尘火焰传播特性及气相惰化抑制实验研究[D].武汉:武汉理工大学,2017.

[18] 谢波,王克全.工业粉尘爆炸抑制技术研究现状及存在的问题[J].矿业安全与环保,2000,27(1):13-15,20.

[19] 李知衍.车间混合金属粉尘爆炸特性及防控技术研究[D].西安:西安建筑科技大学,2021.

[20] 黄子超.瓦斯煤尘爆炸主动快速抑爆技术研究[J].装备制造技术,2020(8):3-6.

[21] 司荣军,王磊,贾泉升.瓦斯煤尘爆炸抑隔爆技术研究进展[J].煤矿安全,2020,51(10):98-107.